高等职业院校教学改革创新示范教材·软件开发系列

移动Web前端应用开发

（HTML5+CSS3+JavaScript）

徐 枫 主 编

唐雪涛 仇 雅 副主编

电子工业出版社

Publishing House of Electronics Industry

北京·BEIJING

内 容 简 介

本书从移动Web前端页面开发者的角度，详细介绍关于前端开发中所涉及的全部知识内容。全书分为四个部分共16章，第一部分为HTML5与CSS3的基础知识，分别介绍HTML5的基础知识和CSS3的基础应用；第二部分为JavaScript编程，分别介绍JavaScript基本语法、面向对象编程、对象模型和开发框架等内容；第三部分为HTML5与CSS3的高级开发，分别介绍HTML5中的推送、视频、存储和CSS3中的动态布局等进阶内容；第四部分为实战项目，分别介绍移动端、PC端两个完整案例开发的全过程。

本书适合作为高等院校和职业院校移动Web前端开发教材，也适合初学HTML页面开发的读者自学，还可供各类想自己动手开发Web应用程序的自学者使用。

图书在版编目（CIP）数据

移动Web前端应用开发：HTML5+CSS3+JavaScript/徐枫主编. —北京：电子工业出版社，2018.3
ISBN 978-7-121-33784-0

Ⅰ．①移… Ⅱ．①徐… Ⅲ．①移动终端－应用程序－程序设计－高等学校－教材 Ⅳ．①TN929.53

中国版本图书馆CIP数据核字（2018）第039905号

策划编辑：程超群
责任编辑：刘真平
印　　刷：三河市鑫金马印装有限公司
装　　订：三河市鑫金马印装有限公司
出版发行：电子工业出版社
　　　　　北京市海淀区万寿路173信箱　邮编100036
开　　本：787×1 092　1/16　印张：17.25　字数：441.6千字
版　　次：2018年3月第1版
印　　次：2018年11月第3次印刷
定　　价：45.00元

凡所购买电子工业出版社图书有缺损问题，请向购买书店调换。若书店售缺，请与本社发行部联系，联系及邮购电话：（010）88254888，88258888。

质量投诉请发邮件至 zlts@phei.com.cn，盗版侵权举报请发邮件至 dbqq@phei.com.cn。

本书咨询联系方式：（010）88254577，ccq@phei.com.cn。

PREFACE

1．创作背景

当今时代是互联网发展的最好时期，无论从网络通信技术的高速发展，还是从各行业对网络的认知和支持来看，互联网都是眼下最炙手可热的行业。

然而，互联网产业与其他传统行业有着明显的区别，它多以技术为主，因此，对从事这一产业的人员提出了更高的要求，要求从业人员必须了解和掌握互联行业的技术。

前端页面的开发是互联网行业的基础技术，也是相关从业人员都必须掌握的基础知识，随着互联技术的高速发展，前端开发已不再是简单的页面制作，而是赋予了更多的新功能，如与 MVC 框架的结合、移动端的项目制作、CSS3 效果的应用。而这些技术的实现，都需要开发人员更加全面地了解和掌握前端开发的整体技术，再将技术运用到一个个完整的项目中进行巩固，从而达到最终掌握的目的。

从目前图书市场来看，与这一类型需求相配套的图书并不是太多，有的侧重某个前端框架的介绍，有的并非主流的开发模式，市场需要一本更全面、更完整、更主流的图书。针对这一图书市场的现状，我们联合电子工业出版社，推出了这本图书。

2．本书内容概述

全书共分为四个部分，第一部分介绍 HTML5 和 CSS3 的基础内容，由此引入对最前沿知识的整体了解；第二部分介绍前端开发的核心语言——JavaScript 编程的基础知识，这是全书的重点内容，详细介绍语法与框架的应用开发；第三部分讲述 HTML5 与 CSS3 的高级应用，以案例的形式，详细介绍时下最为流行的移动项目开发的完整过程；最后一部分是两个完整的案例，一个侧重移动端，另一个以 PC 端为主，完整、全面地介绍项目开发的全部实现过程。

3．本书特点

以案例为主、注重实战性，这是本书的显著特点，全书的每个知识点都通过一个完整的示例进行介绍；用前沿技术、做完整项目，又是本书的另外一个特点，全书无论是知识点还是案例，都注重技术的前沿性、示例的完整性。全书通过 200 余个真实、实用的示例及两个大型的综合案例进行讲述，使读者能通过对一个个知识点的扎实学习，真正、彻底地掌握和理解前端开发的流程及核心技术。

4．本书面向的读者

本书内容以基础入门为主，面向初级页面制作人员，可作为从事 Web 开发人员的参考用书；此外，还可作为高等院校相关课程的教材，适合应用型人才培养，也可作为科技工作者的工具图书。

5．编者

本书由广西金融职业技术学院徐枫老师担任主编，广西金融职业技术学院唐雪涛、仇雅老师担任副主编。参与编写的还有广西金融职业技术学院杨吉才、卜一川、胡秀娟、黄凡等老师，以及中软国际教育科技公司陶国荣、王辉老师。

6．联系方式

本书配有教学资源 PPT 课件，若有需要，请登录华信教育资源网（www.hxedu.com.cn）免费下载。同时，读者也可以通过邮箱 tao_guo_rong@163.com 与作者联系。

由于作者水平所限，加之时间仓促，本书难免有错误和不足之处，恳请读者批评指正。

编　者

CONTENTS 目录

第 1 章

HTML5 基础知识

本章学习目标：

◆ 了解万维网的发展历史及其与 HTML 的关系。

◆ 理解 HTML 版本的迭代过程。

◆ 了解 HTML5 的兴起和作为未来发展方向的原因。

◆ 掌握 Web 页面开发环境构建的过程。

1.1 HTML5 概述

HTML5 是万维网的核心语言，是未来 Web 发展的方向，同时也是 HTML4.0.1 的一个升级版本，它与 HTML 有着密不可分的关系。因此，掌握 HTML5 的基础知识，是进一步学习 HTML 知识的必要条件。

1. 万维网与 HTML

万维网（World Wide Web）也可简写为 Web、WWW、3W，它的功能是通过浏览器访问服务端中的页面；在此访问过程中，服务端的页面称为"资源"，浏览器通过资源统一标识的 URL（Uniform Resource Locator）地址来识别并解析页面。

在整个浏览器打开并解析页面的过程中，还有一个非常重要的概念，就是如何将页面从服务端传输到客户端，而它则是由超文本传输协议（Hypertext Transfer Protocol）来完成的。整个过程如图 1-1-1 所示。

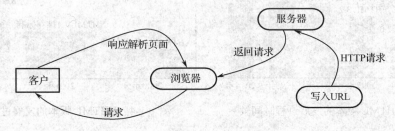

图 1-1-1　浏览器访问页面的过程

HTML 是 HyperText Markup Language 的缩写，其功能是定义页面文档的格式，它是一种规范、一种标准，通过这种规范与标准告诉浏览器如何去显示页面中的内容。

需要说明的是，不同的浏览器，它的这种标准是不完全相同的，因此会导致同一页面在不同浏览器中出现不一样的页面效果。

万维网与 HTML 之间的关系是非常明确的，那就是前者是整个 Web 系统执行过程的统称，而后者仅是这个统称中的一部分，它是页面编写的一种标准，按此标准构建的页面在前者执行的 Web 系统中浏览、执行、解析。它们之间的关系如图 1-1-2 所示。

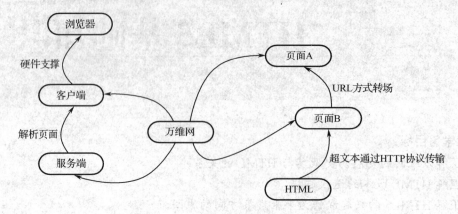

图 1-1-2　万维网与 HTML 之间的关系

2．HTML 版本

HTML 超文本语言规范随着版本的迭代而不断发展和完善，2014 年 10 月 28 日，HTML5 草案确定，给整个 Web 页的开发指定了一个新的方向。

（1）HTML 版本的时间轴。通常情况下，早期的 HTML 版本每隔两年就会有一个新版本的更迭，只是最后一个版本——HTML5 来得晚了些，详细的版本时间轴如图 1-1-3 所示。

（2）XHTML 版本的更迭。在 HTML 版本不断升级变更时暴露了一些问题，例如，其语法非常松散，这对于开发者来讲是一件好事，可对于早期的计算机系统，特别对移动端系统来讲，解析起来非常麻烦，因此，产生了语法更为严格的 XHTML 语言。

XHTML 的语法非常严格，其最初目标就是要取代 HTML，并在 2000 年推出了 1.0 推荐标准，后来由于各浏览器厂商并不都认可这种语法，因此，版本的更新非常慢，详细的版本时间轴如图 1-1-4 所示。

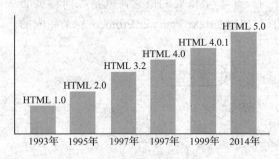

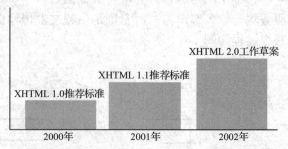

图 1-1-3　HTML 版本的发展过程时间轴　　图 1-1-4　XHTML 版本的发展过程时间轴

需要说明的是，XHTML 语言在更新至 2.0 版本之后，后续的版本全部基于 HTML5 草案，它最常见的版本是基于 HTML 4.0.1 的 XHTML 1.0。

3．HTML5 与未来 HTML 发展

从目前互联网发展的整体形势来看，HTML5 是 HTML 版本中最为重要的一次变动，而不仅仅是一次简单的版本更新，它将代表和引领着未来 Web 开发的方向。之所以这样讲，是因为 HTML5 有以下几个明显的特点。

（1）各大浏览器厂商的大力支持。HTML5 毕竟只是一个超级文本的标准，这一标准的执行离不开浏览器的支持，而各大浏览器厂商对 HTML5 的支持却是空前的，因为它们也非常希望能够借助一些新技术的诞生，不断扩大原有的市场份额。

（2）移动优先的原则。当前的 Web 终端多而无序，但它有一个非常明显的特征，就是移动端优先，特别是 2010 年以后，各大企业加大了对移动端技术研发的投入和支持力度，使得传统意义上的 Web 开发的实质就是移动端开发。

HTML5 是顺应这一趋势的，大量新增的移动端元素和属性及 API 为它支持移动端开发提供了强大的技术保障。

（3）支持游戏的开发。近年来，基于页面的游戏越来越受到用户的喜爱，传统意义上的本地 APP 的游戏应用，由于安装与更新上的局限性，使得企业逐渐放弃对它的开发，改而转向 Web 方式的开发，并有慢慢替代本地 APP 的趋势。

HTML5 对游戏的开发也提供了大量的 API 支持，包括新增的 Canvas 元素、CSS3 中的 3D 动画效果、第三方的游戏引擎，是目前 Web 游戏开发的常用方式。

4．Web 开发环境

相对于客户端和服务端的开发环境搭建而言，Web 前端页面开发的环境构建要方便许多，针对它的工具也很多，目前最为主要的有下面几款工具：

（1）Adobe Dreamweaver。中文名称"梦想编织者"，它是美国 MACROMEDIA 公司开发的网页编辑器，其特点是集网页制作和管理网站于一身，并且可以做到所见即所得，近来的版本也更加贴近移动端市场，可以非常方便地制作出跨越平台限制和跨越浏览器的动态页面。

目前常用的版本是 Adobe Dreamweaver CC。

它的搭建非常简单，先在官方网站下载开发工具包，解压后，双击可执行文件，按照界面提示，单击"下一步"按钮，最后，安装成功后打开的主界面如图 1-1-5 所示。

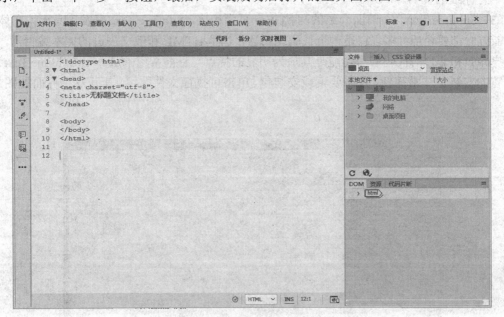

图 1-1-5　Adobe Dreamweaver CC 工具的开发主界面

需要说明的是，Adobe Dreamweaver CC 在安装过程中需要进行用户注册，注册成功后，就可以进行 30 天试用或直接输入激活码进行使用。

（2）WebStorm。与 Adobe Dreamweaver CC 工具不同，WebStorm 是 JetBrains 公司旗下的一款 JavaScript 开发工具，也是一款功能非常强大的前端开发利器。其强大之处在于开发过程中的代码提示效果，因此，被广大的程序开发人员称为"最强大的 HTML5 编辑器"、"最智能的 JavaScript IDE"。目前常用的版本是 WebStorm 10.0.3。

WebStorm 的环境构建也非常方便，不需要安装，直接在官网中下载应用包，单击可执行文件，就进入主界面开发环境中，效果如图 1-1-6 所示。

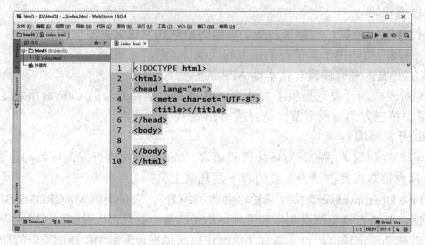

图 1-1-6　WebStorm 10.0.3 工具的开发主界面

需要说明的是，WebStorm 开发工具在安装后需要进行版本的汉化和破解，相应方面在安装包中有详细的说明。

（3）Sublime Text。与前面介绍的两款 Web 页面相比，Sublime Text 开发工具无论在体积还是功能方面都要轻巧许多。它是一个代码编辑器，也是 HTML 和散文先进的文本编辑器，漂亮的用户界面和非凡的代码书写功能是其最为明显的特点。目前常用的版本是 Sublime Text 3。

它的安装也非常简便，只需要下载安装包，单击可执行文件即可，其开发主界面如图 1-1-7 所示。

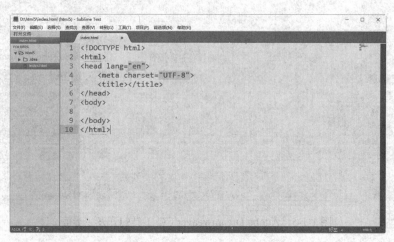

图 1-1-7　Sublime Text 工具的开发主界面

需要说明的是，Sublime Text 开发工具虽然轻巧，但其许多功能的使用都必须依赖于插件，因此，只有找到相应的插件才能实现对应的功能。

本教材中使用的开发工具是基于 Adobe Dreamweaver CC 2017 的。

1.2　HTML5 的程序结构和语法

无论是 HTML 还是 XHTML，它们都是一种超级文本编码的规范，是 Web 页的标准，因此，要开发 Web 页面就必须遵循这个规范，而遵循的前提是必须理解并掌握规范的结构和语法。接下来我们来详细介绍 HTML 的程序结构和语法。

1．HTML 程序结构

相对于其他开发类语言，HTML 的结构最为简单，它本质上是一个页面格式的文本文件，常以.html 或.htm 为扩展名。该文件的整体结构分为三大部分，其中第一部分是 html 标记，该标记又包括两部分，分别为 head（头部）和 body（主体）部分，具体如图 1-2-1 所示。

图 1-2-1　HTML 程序结构

在上述 HTML 程序结构中，第 1 行的代码用于告诉浏览器的解析器使用什么文档标准来解析这个页面，因为本示例的标准是 HTML 4.0.1，因此，它要先引入 dtd 链接，才能获取到页面的文档类型。

另外，head（头部）中的代码只用于执行和导入文件，并不会在页面中显示，而 body（主体）部分中的代码，则是作为页面构建元素，解析并显示在页面中。

2．编码

为了能让浏览器按照指定的类型成功地解析页面元素，除了声明解析类型外，还要定义页面的编码格式。编码对于一个页面而言非常重要，处理不当，将使页面出现乱码，因此，每个开发人员都必须掌握页面编码的相关知识。

（1）编码的位置。通常情况下，页面在头部位置通过添加 mate 元素来定义编码的格式，与其他元素相比而言非常特别，该元素通过"http-equiv"属性指定编码的名称是"content-type"，再添加"content"属性指定名称对应的值，结构如图 1-2-2 所示。

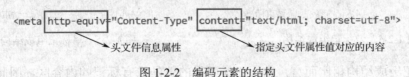

图 1-2-2　编码元素的结构

需要说明的是，页面的编码格式名称由"http-equiv"属性来指定，即"Content-Type"，表示页面文件中的内容类型；格式名称对应的值则通过"content"属性来指定，即"text/html；charset=utf-8"，表示内容类型是以 utf-8 格式进行编码的文本或 html 字符集。

（2）编码的种类。不同种类的编码格式解析页面的效果是不一样的，目前常用的编码格式有以下两种，一种是"utf-8"，另外一种是"gb2312"。前者支持的语言要广泛些，如支持中文简体与繁体字符，而后者仅支持中文简体，因此，大部分的页面格式都以前者为主。

如果页面指定的编码格式与文件本身保存的编码格式不匹配，则需要通过文本方式打开页面文件，并单击"文件"菜单中的"另存为(A)…"选项，修改页面文件保存的格式，具体的操作如图 1-2-3 所示。

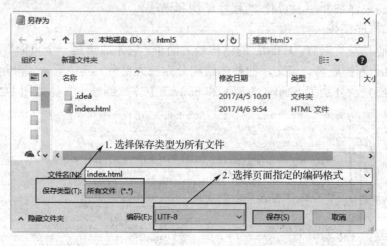

图 1-2-3　修改页面文件的编码格式

通过上述的操作，可以解决大多数页面因为指定编码与文件本身编码不一致导致页面出现乱码的问题。

3．标记语法

页面是一种按 HTML 标准开发的超级文本，而组成页面的基本单位是元素。元素是由左尖括号（"<"）和右尖括号（">"）所括住的指令标记，因此，又称为标记，用来向浏览器发送标记指令。标记分为两大类，一类是双标记，另一类是单标记，双标记组成结构如图 1-2-4 所示。

双标记是页面中最为常用的标记，它有明显的开始与结束标志，两个尖括号中的内容为标记内容，开始标记中可以添加属性，等号左边为属性名称，右边则为名称对应的值。

与双标记对应的是单标记，它在页面中的使用并不多，组成结构如图 1-2-5 所示。

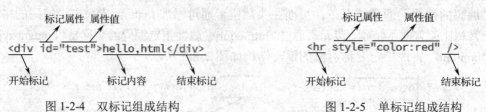

图 1-2-4　双标记组成结构　　　　图 1-2-5　单标记组成结构

与双标记组成结构相比而言，单标记最明显的就是没有标记的内容区，因此，单标记并不能显示任何内容，只是实现相应的功能，如单线元素<hr/>、回车换行元素
。

严格来讲，单标记并不符合 XHTML 标准，因此，为了避免页面在解析过程中的兼容性问题，笔者建议在开发过程中尽可能少用这类标记。

1.3　利用 Dreamweaver 调试 HTML5 代码

Dreamweaver 是首套针对专业网页设计师和制作人员的视觉化网页开发工具，利用该工具可以非常轻松地制作出复杂功能的页面。历经多个版本的迭代，Dreamweaver 从之前的 Dreamweaver1.x 发展到现在的 Dreamweaver CC 2017，功能逐步完善与强大。

接下来就带领大家走进 Dreamweaver 的世界，一起开发功能强大和界面优雅的页面。

1．编写 HTML 文件

利用 Dreamweaver 开发 HTML5 页面非常简单，只需要经过以下三个步骤，就可以开发出一个已添加好基本格式的 HTML 文件。

（1）单击 Dreamweaver 程序图标，进入开发工具的主界面，在界面中单击"文件"菜单中的"新建"选项，其操作过程如图 1-3-1 所示。

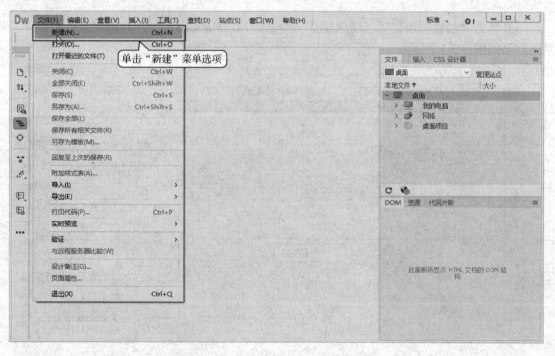

图 1-3-1　在"文件"菜单中单击"新建"选项

（2）在弹出的对话框中选择需要创建文件的类型是"HTML"，然后再从中间区域的文档解析类型中选择"HTML5"，最后单击"创建"按钮，其操作过程如图 1-3-2 所示。

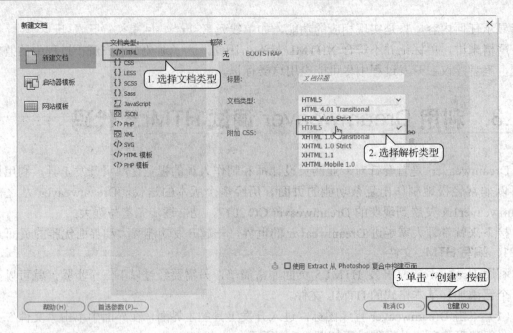

图 1-3-2　在文件"新建文档"对话框中选择相应类型

（3）单击"创建"按钮后，便创建了一个名称为"Untitled-1"的 HTML5 页面文件，其界面效果如图 1-3-3 所示。

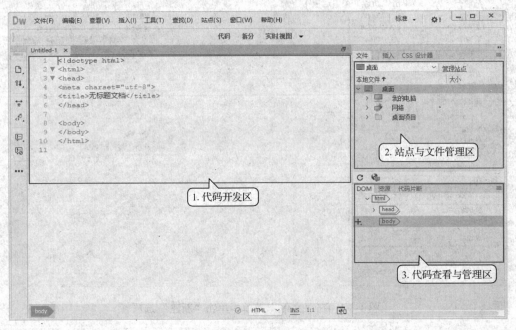

图 1-3-3　代码开发主界面

在打开的代码开发主界面中，整体包括三个主要部分，即代码开发区、站点与文件管理区、代码查看与管理区。接下来介绍各区的功能。

① 代码开发区负责整个页面文件代码的编写，左侧的快捷图标为代码编写过程中使用的相关功能，如格式化、注释代码等，详细功能如图 1-3-4 所示。

② 站点与文件管理区负责项目文件的打开、定位、增加、删除、重新命名等文件的操作，并且站点的全部文件都可以在该区域中查看到，详细功能如图 1-3-5 所示。

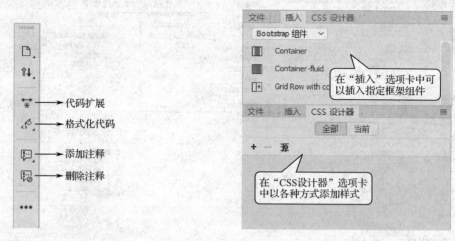

图 1-3-4　代码开发区左侧快捷图标功能　　　　图 1-3-5　站点与文件管理区各选项卡功能

③ 代码查看与管理区负责源文件中代码结构的查看，标签的增加、删除，资源文件的查找、删除；同时，在该区域还可以执行指定框架的函数，详细功能如图 1-3-6 所示。

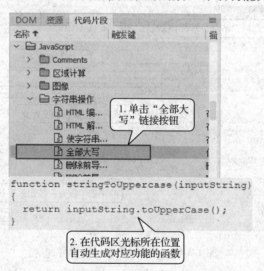

图 1-3-6　代码查看与管理区"代码片段"选项卡功能

（4）完成新建 HTML5 页面后，进入代码开发。开发过程中要不断保存源码文件，在保存之前，需要创建一个新的站点，将源码文件保存到该站点文件夹中。因此，先在开发主界面中单击"站点"菜单中的"新建站点"选项，界面如图 1-3-7 所示。

（5）弹出新建站点对话框，选择"站点"列表，并输入站点的名称，如"我的网站"，同时选择保存站点页面的文件夹，界面如图 1-3-8 所示。

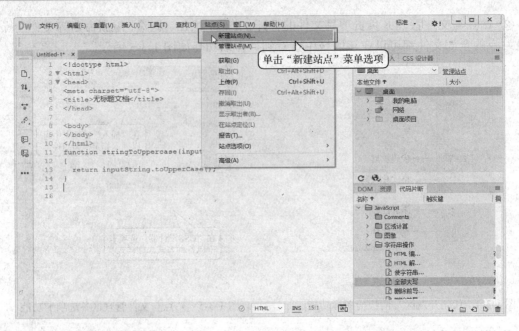

图 1-3-7　单击"站点"菜单中的"新建站点"选项

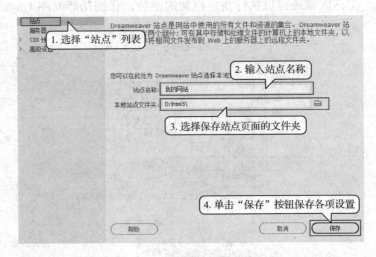

图 1-3-8　新增站点的对话框界面

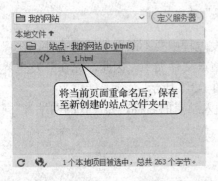

图 1-3-9　在站点文件夹中保存当前页面

（6）单击"保存"按钮后，便在站点管理区域显示新建站点文件夹中的文件列表。此时，单击"文件"菜单中的"保存"按钮，将新建的"Untitled-1"文件重命名为"h3_1"，并保存至站点文件夹中，最终的效果如图 1-3-9 所示。

后面项目中的所有页面都将保存在该站点文件夹中，在文件夹中还可以再新建子类文件夹，分级管理项目的图片、JavaScript、CSS 样式文件。

【案例演示】需求：在新建名称为 h3_1.html 的页面中，以红色字体、居中方式显示"hello，强大的 HTML5!"

字样内容。根据上述功能，在页面中加入如清单 1-3-1 所示的代码。

清单 1-3-1　页面文件 h3_1.html 的源文件

```
<!doctype html>
<html>
<head>
<meta charset="utf-8">
<title>无标题文档</title>
</head>
<body>
    <div style="color:red;text-align:center">
hello, 强大的 HTML5!
</div>
</body>
</html>
```

【实现效果】页面文件 h3_1.html 在 Chrome 浏览器中执行后，显示的效果如图 1-3-10 所示。

图 1-3-10　页面文件 h3_1.html 在浏览器中执行的效果

【源码分析】在上述示例的代码中，<div>元素为块元素，中间为元素显示的内容，通过向该元素添加"style"属性控制文本内容显示的颜色与格式，属性值"color:red;text-align:center"，前者用于设置字体颜色为"red"（红色），后者设置文本对齐方式为"center"（居中对齐）。

【案例实践】在页面中，添加一个<div>元素，并在元素中以背景为蓝色、字体为白色、偏右对齐的方式显示"这是修改后的内容"字符内容。

2. 使用 CSS 样式

在页面中使用 CSS 样式的方式分为以下三种：头部使用<style>标签编写，元素使用<style>属性控制，页面使用<link>标签引入。接下来通过一个案例来分别介绍它们的使用方式。

【案例演示】需求：在页面中，设置整个页面的背景色为蓝色，字体大小和颜色分别为 15px 和白色，以居中方式显示字符内容，并新建一个名称为 h3_2.html 的页面文件。如果以头部使用<style>标签编写的方式来实现该功能，则在页面中加入如清单 1-3-2 所示的代码。

清单 1-3-2　使用<style>标签编写的方式实现功能的源文件

```
<!doctype html>
<html>
<head>
<meta charset="utf-8">
<title>无标题文档</title>
<style type="text/css">
    body{
        background-color: blue;
        font-size: 13px;
        color:white;
```

```
        text-align: center;
    }
</style>
</head>
<body>
    <div>HTML5 时代来了！</div>
</body>
</html>
```

根据上述功能，如果以元素使用<style>属性控制的方式来实现该功能，则在新建的名称为 h3_2.html 的页面文件中加入如清单 1-3-3 所示的代码。

清单 1-3-3　使用<style>属性控制的方式实现功能的源文件

```
<!doctype html>
<html>
<head>
<meta charset="utf-8">
<title>无标题文档</title>
</head>
<body style="background-color: blue;font-size:13px;color:white;text-align:
center;">
        <div>HTML5 时代来了！</div>
</body>
</html>
```

根据上述功能，如果以页面使用<link>标签引入的方式来实现该功能，则在新建的名称为 h3_2.html 的页面文件中加入如清单 1-3-4 所示的代码。

清单 1-3-4　使用<link>标签引入的方式实现功能的源文件

```
<!doctype html>
<html>
<head>
<meta charset="utf-8">
<title>无标题文档</title>
<link type="text/css"
    rel="stylesheet"
    href="css/style.css" />
</head>
<body>
        <div>HTML5 时代来了！</div>
</body>
</html>
```

在清单 1-3-4 中，通过 link 元素引入了另外一个名称为 style.css 的样式文件，该文件的功能是实现需求中指定样式的效果。因此，在 HTML5 文件下新建一个名称为"css"的文件夹，在该文件夹下，创建一个名称为 style.css 的文件，加入如清单 1-3-5 所示的代码。

清单 1-3-5　样式文件 style.css 的源文件

```
/* CSS Document */
body{
background-color:blue;
font-size:13px;
color:white;
text-align:center;
}
```

【实现效果】添加样式后，页面文件 h3_2.html 在 Chrome 浏览器中执行后，显示的效果如图 1-3-11 所示。

图 1-3-11　页面文件 h3_2.html 在浏览器中执行的效果

【源码分析】需要说明的是，上述三种添加样式的方法，仅是方式不同，实现的代码都是相同的。"background-color"属性用于设置"body"元素的颜色为"blue"，而"font-size"属性用于设置"body"元素中文字显示的字体大小为"13"，"px"为字体单位。

【案例实践】在页面中，使用<link>标签引入样式的方式，实现一个红色背景、白色字体的长方形，并在长方形中以居中的方式显示"漂亮，HTML5！"的字样。

3．使用 JavaScript

与使用 CSS 类似，在页面中使用 JavaScript 也有三种方式，分别是使用<script>标签内部编写、使用事件属性直接绑定、使用<script>标签外部导入。接下来分别以案例的方式进行介绍。

【案例演示】需求：在页面中，使用<script>标签内部编写的方式添加 JavaScript 代码，代码的功能是在页面中输出"JavaScript 是页面交互语言！"的字样。根据上述功能，新建一个名称为 h3_3.html 的页面文件，并在页面中加入如清单 1-3-6 所示的代码。

清单 1-3-6　使用<script>标签内部编写方式实现功能的源文件

```
<!doctype html>
<html>
<head>
<meta charset="utf-8">
<title>无标题文档</title>
</head>
<body>
<script type="text/javascript">
    //向页面中输出字符内容
    document.write("JavaScript 是页面交互语言！");
</script>
</body>
</html>
```

【实现效果】页面文件 h3_3.html 在 Chrome 浏览器中执行后，显示的效果如图 1-3-12 所示。

图 1-3-12　页面文件 h3_3.html 在浏览器中执行的效果

【源码分析】在页面中，通过添加<script>标签来声明编写 JavaScript 代码的区域，即<script>标签中包含的内容是 JavaScript 代码。

在代码中，"//"为注释符，该符号后的代码不执行，只用于显示和说明，"document"表示页面文档，"write"为输出内容的方法，"document.write"表示向页面文档中输出括号中指定的内容，由于是字符内容，因此加上双引号，也可以是单引号。

【案例实践】在页面中，使用<script>标签内部编写 JavaScript 代码的方式，实现向页面中输出两行指定任意文本内容的功能。

4. 使用元素属性执行 JavaScript 代码

除使用<script>标签内部编写 JavaScript 代码方式外，还可以通过绑定元素的事件属性，直接执行 JavaScript 代码。接下来通过一个完整的案例来进行详细的介绍。

【案例演示】需求：在页面中使用事件属性直接绑定的方式编写 JavaScript 代码，当单击一个按钮时，它变为灰色，即不可用。根据上述功能，新建一个名称为 h3_4.html 的页面文件，并在页面中加入如清单 1-3-7 所示的代码。

清单 1-3-7　使用事件属性直接绑定的方式实现功能的源文件

```
<!doctype html>
<html>
<head>
<meta charset="utf-8">
<title>无标题文档</title>
</head>
<body>
    <button onClick="this.disabled=true">点我不可用</button>
</body>
</html>
```

【实现效果】页面文件 h3_4.html 在 Chrome 浏览器中执行后，显示的效果如图 1-3-13 所示。

图 1-3-13　页面文件 h3_4.html 在浏览器中执行的效果

【源码分析】在上述页面代码中，"onClick"是<button>按钮元素的事件属性，表示按钮的"单击"事件，属性值表示事件触发时执行的代码，其中，"this"表示按钮元素本身，"disabled"表示不可用，"this.disabled=true"表示按钮本身不可用是真的，即按钮不可单击了。

【案例实践】在页面中使用事件属性直接绑定的方式编写 JavaScript 代码，实现当单击按钮后按钮中显示的文字发生变化的功能。

5. 使用外部导入方式执行 JavaScript 代码

除通过绑定元素的事件属性执行 JavaScript 代码外，还可以通过外部导入文件的方式直接执行 JavaScript 代码。接下来通过一个完整的案例来进行详细的介绍。

【案例演示】需求：在页面中使用<script>标签外部导入的方式，在指定的标签位置向页面输出"这是导入 JS 文件后显示的内容"的字样。根据上述功能，新建一个名称为 h3_5.html 的页面文件，并在页面中加入如清单 1-3-8 所示的代码。

清单 1-3-8　使用<script>标签外部导入的方式实现功能的源文件

```
<!doctype html>
<html>
<head>
<meta charset="utf-8">
<title>无标题文档</title>
</head>
<body>
    <div>导入前</div>
    <script type="text/javascript" src="js/js_5.js"></script>
    <div>导入后</div>
</body>
</html>
```

在页面清单 1-3-8 中，需要从外部导入一个名称为 js_5.js 的 JavaScript 文件，它的功能是实现向页面中输出指定内容的字符内容，代码如清单 1-3-9 所示。

清单 1-3-9　JavaScript 文件 js_5.js 的源文件

```
// JavaScript Document
var HTML="<h3>这是导入 JS 文件后显示的内容</h3>";
document.write(HTML);
```

【实现效果】导入文件，页面文件 h3_5.html 在 Chrome 浏览器中执行后，显示的效果如图 1-3-14 所示。

图 1-3-14　页面文件 h3_5.html 在浏览器中执行的效果

【源码分析】在名称为 js_5.js 的 JavaScript 文件代码中，"var"表示定义变量的关键字，空格后为定义的变量名称"HTML"，"="（等号）为赋值语句，"var HTML="表示定义了一个名称为"HTML"的变量，并将引号中的字符内容赋值给这个变量。

此外，"document.write"方法中允许输出变量，而字符变量可以使用标签名与字符内容混合编写，因此，名称为"HTML"，变量值为"<h3>这是导入 JS 文件后显示的内容</h3>"。

【案例实践】在页面中使用<script>标签外部导入的方式编写 JavaScript 代码，实现在页面中指定元素位置，输出带字体颜色功能的标签内容。

1.4 文本控制标记及属性

　　文本或字符都是页面显示内容中非常重要的组成部分，正确理解与掌握文本标记是学习 HTML 知识必须具备的技能。在 HTML5 中，不仅延续使用了许多原有的文本标记，而且还新增了大量实用的文本标记，接下来对每个文本元素进行详细介绍。

　　1. 文本换行标记

　　【技能目标】理解并掌握文本换行标记的基本使用方法，并能够熟练地运用到页段落元素中，合理的文本段落布局是页面美观非常重要的一个因素。

　　【语法格式】

```
<br />
```

　　【格式说明】文本换行标记的功能是将单行文本换成多行，解决文本多行显示的问题。

　　【案例演示】需求：使用换行标记显示一段文字。根据上述功能，新建一个名称为 h4_1.html 的页面文件，并在页面中加入如清单 1-4-1 所示的代码。

清单 1-4-1　页面文件 h4_1.html 的源文件

```
<!doctype html>
<html>
<head>
<meta charset="utf-8">
<title>无标题文档</title>
</head>
<body>
    <p>
    今天天气真不错, <br />值得外出走一走。
    </p>
</body>
</html>
```

　　页面文件 h4_1.html 在 Chrome 浏览器中执行后，显示的效果如图 1-4-1 所示。

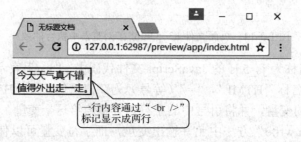

图 1-4-1　页面文件 h4_1.html 在浏览器中执行的效果

　　【案例实践】新建一个页面，添加一个\<p\>元素，并在元素中通过\<br /\>标记实现一首古诗的显示。

　　【扩展知识】在页面中，如果是文本内容需要换行，常使用 "\<br /\>" 标记；而如果是标记中的 "title" 属性值中的文本内容需要换行，则可以使用 "回车键" 或 "
" 和 ""。

2．文本字体标记

【技能目标】掌握与理解字体标记的基本用法，并能灵活地借助字体标记控制显示的文本内容。

【语法格式】

```
<strong></strong>
<em></em>
<dfn></dfn>
```

【格式说明】文本字体标记非常多，但使用的并不多，主要有用于文本加粗和斜体的标记<strong>和<em>或<dfn>。在页面制作中，文本字体标记的功能通常可以借助样式来实现。

【案例演示】需求：使用文本字体标记显示两段指定内容。根据上述功能，新建一个名称为 h4_2.html 的页面文件，并在页面中加入如清单 1-4-2 所示的代码。

清单 1-4-2　页面文件 h4_2.html 的源文件

```
<!doctype html>
<html>
<head>
<meta charset="utf-8">
<title>无标题文档</title>
</head>
<body>
    <strong>一段带强调的内容</strong><br />
    <em>一段斜体的内容</em><br />
    <dfn>一段斜体的内容</dfn>
</body>
</html>
```

页面文件 h4_2.html 在 Chrome 浏览器中执行后，显示的效果如图 1-4-2 所示。

图 1-4-2　页面文件 h4_2.html 在浏览器中执行的效果

【案例实践】新建一个页面，添加一个<p>元素，并在元素中添加一段散文，散文中的某些字符使用<strong>元素，某些使用<em>或<dfn>标记。

【扩展知识】在页面中，文本内容中的<strong>和<em>标记，也可以使用<b>和<i>标记来替换，只不过前者更加符合 Web 2.0 的标准，被更多的浏览器所支持，因此推荐使用。

1.5　图像标记及属性

在页面中属于图像的标记并不太多，但在页面布局时，功能却非常强大，如图片和图片热点的功能，既丰富了页面的内容，又使内容的布局更加形象和生动。此外，svg 标记的引入，使用户通过编写代码制作高分辨率图形的想法成为可能。

1. img 标记

【技能目标】掌握<img>标记的基本使用方法，理解该标记两个必添属性的运用场景和实现方法，可以在页面中通过添加该元素实现图片的展示。

【语法格式】

```
<img src='目标/源文件' alt='无法显示图片时的替代文本' />
```

【格式说明】img 标记可以向页面中添加一幅图片，通过标记的"src"属性指定图片的来源地址，"alt"属性指定在图片无法显示时标记区域所显示的文字内容。

【案例演示】需求：使用<img>标记加载图片。根据上述功能，新建一个名称为 h5_1.html 的页面文件，并在页面中加入如清单 1-5-1 所示的代码。

清单 1-5-1　页面文件 h5_1.html 的源文件

```
<!doctype html>
<html>
<head>
<meta charset="utf-8">
<title>无标题文档</title>
</head>
<body>
    <img width="150px"
        height="150px"
        src="images/h5.png"
        alt="这是h5图标" />
</body>
</html>
```

页面文件 h5_1.html 在 Chrome 浏览器中执行后，显示的效果如图 1-5-1 所示。

图 1-5-1　页面文件 h5_1.html 在浏览器中执行的效果

【案例实践】新建一个页面，添加一个<img>标记，通过该标记在页面中显示一张图片，并添加宽度和高度属性及"alt"属性，观察这些属性实现的功能。

【扩展知识】在页面中，<img>标记拥有多个基本的属性，如 Id、Name、Class 等，但从本质上来讲，页面中并没有通过<img>标记嵌入图片，而只是创建了图片占位符的空间，通过图片的物理链接来显示这张图片。

2. figure 标记

【技能目标】掌握<figure>标记的使用方法，并理解该标记的应用场景，能够使用该标记制作出包含图片和文字效果的页面。

【语法格式】

```
<figure />
```

【格式说明】figure 标记定义单独包裹图片流内容；此外，在该标记内，还可以通过添加<figcaption>标记声明包裹内容的主题信息。

【案例演示】需求：使用<figure>标记包裹一个<img>标记，通过<img>标记加载一幅图片，并添加图片的标题。根据上述功能，新建一个名称为 h5_2.html 的页面文件，并在页面中加入如清单 1-5-2 所示的代码。

清单 1-5-2　页面文件 h5_2.html 的源文件

```
<!doctype html>
<html>
<head>
<meta charset="utf-8">
<title>无标题文档</title>
</head>
<body>
    <figure>
    <figcaption>图片标题</figcaption>
    <img src="images/h5.png"
            alt="无图片时的提示文本"
            width="150px"
            height="150px" />
    </figure>
</body>
</html>
```

页面文件 h5_2.html 在 Chrome 浏览器中执行后，显示的效果如图 1-5-2 所示。

图 1-5-2　页面文件 h5_2.html 在浏览器中执行的效果

【案例实践】新建一个页面，通过<figure>标记包裹多张图片，并在该标签中添加<figcaption>标记，实现图文并茂的页面效果。

【扩展知识】<figure>是 HTML5 新增的专用于包裹图片流的标记，使用它比使用<div>包裹图片流更优化，体现在搜索引擎中爬虫的查找，使用<figure>标记更容易查找到包裹的图片流。

3. map 标记

【技能目标】掌握<map>图像热点标记的基本使用方法，理解<map>包裹的<area>子标记的运用技巧，能结合<img>标记，制作出一个带图像热点效果的页面。

【语法格式】

```
<map>  .
    <area></area>
</map>
```

【格式说明】实现图像的热点链接，先向<map>标记添加"id"属性，用于<img>标记中的"usemap"属性对应值，实现两个标记间的绑定；此外，<area>标记必须被包裹在<map>标记内，通过该元素定义链接时的位置区域。该标记可以添加多个，实现图片中多个热点的链接。

【格式说明】需求：通过<map>标记，实现图片中各个不同区域热点的点击链接效果。根据上述功能，新建一个名称为 h5_3.html 的页面文件，并在页面中加入如清单 1-5-3 所示的代码。

清单 1-5-3　页面文件 h5_3.html 的源文件

```
<!doctype html>
<html>
<head>
<meta charset="utf-8">
<title>无标题文档</title>
</head>
<body>
  <figure>
      <figcaption>图像热点标记</figcaption>
      <img src="images/ex1.png"
          alt="这是一幅方向图片"
          usemap="hotmap" />
  </figure>
  <map id="hotmap" name="hotmap">
      <area shape="rect"
            coords="30,50,70,90"
          href ="a.html" />
      <area shape="rect"
            coords="100,50,140,90"
          href ="b.html" />
  </map>
</body>
</html>
```

页面文件 h5_3.html 在 Chrome 浏览器中执行后，显示的效果如图 1-5-3 所示。

【案例实践】新建一个页面，在页面中添加一幅中国地图的图片，并在图片中借助<map>标记，实现按省份设置图像热点区域的效果。

【扩展知识】<map>标记中包含了一个非常重要的<area>标记，当该标记的"shape"属性值为"rect"时，它的"coords"为对角线的坐标；当该标记的"shape"属性值为"circ"时，它的"coords"为圆心的坐标和半径的值，示意图如图 1-5-4 所示。

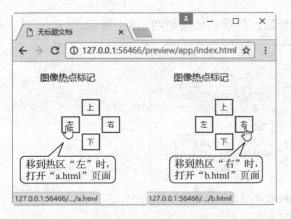

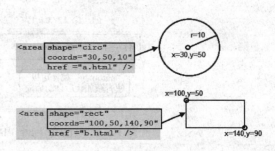

图 1-5-3　页面文件 h5_3.html 在浏览器中执行的效果　图 1-5-4　"shape"与"coords"属性之间的关系示意图

1.6　音频、视频标记及属性

在 HTML4.0.1 时代，想在页面中播放音视频是一件非常困难和麻烦的事，但在 HTML5 时代，这个问题得到了很好的解决，只需使用 video 和 audio 标记就可以实现，极大地减小了对外部插件的依赖，代码的编写也非常简单，接下来详细介绍这两款标记的使用方法。

1．audio 标记

【技能目标】掌握<audio>标记在页面中的基本使用方法，初步理解该标记常用属性的功能，并能结合需求使用<audio>标记，在页面中播放音频文件。

【语法格式】

```
<audio src='目标/源文件' controls autoplay>
    你的浏览器不支持音频标记
</audio>
```

【格式说明】<audio>用于定义播放音频文件的标记，调用该标记可以播放一段音频内容，通过"src"属性设置音频内容的文件来源，"controls"属性定义显示播放时的控制条，"autoplay"属性定义音频是否自动播放。

【案例演示】需求：使用<audio>标记自动播放一段音频内容，并添加控制条工具。根据上述功能，新建一个名称为 h6_1.html 的页面文件，并在页面中加入如清单 1-6-1 所示的代码。

清单 1-6-1　页面文件 h6_1.html 的源文件

```
<!doctype html>
<html>
<head>
<meta charset="utf-8">
<title>无标题文档</title>
</head>
<body>
    <audio src="video/MUSIC_0576.mp3"
        controls autoplay >
        你的浏览器不支持音频播放
    </audio>
</body>
</html>
```

页面文件 h6_1.html 在 Chrome 浏览器中执行后，显示的效果如图 1-6-1 所示。

图 1-6-1　页面文件 h6_1.html 在浏览器中执行的效果

【案例实践】新建一个页面，添加一个<audio>标记，通过该标记在页面中自动播放一段音频内容，播放时，在页面中显示播放器的控制条。

【扩展知识】在页面中，<audio>标记除拥有"controls"和"autoplay"常用属性外，还拥有其他实用的属性，如表 1-6-1 所示。

表 1-6-1　音视频元素的其他属性

属 性 名 称	属 性 值	说　　明
loop	loop、true 或无	是否重复播放音频内容，如果添加该属性或该属性值等于"true"则是，否则不是
preload	preload、true 或无	是否在页面加载时音频文件也同时加载，添加 autoplay 属性之后，该属性无效

2. video 标记

【技能目标】掌握<video>标记在页面中的基本使用方法，初步理解该标记常用属性的功能，并能结合需求使用< video>标记，在页面中播放视频格式的文件。

【语法格式】

```
<video src='目标/源文件' controls autoplay>
  你的浏览器不支持视频标记
</video>
```

【格式说明】<video>用于定义播放视频文件的标记，分别使用"autoplay"和"controls"来定义标记是否自动播放视频文件和添加控制条。

【案例演示】需求：使用<video>标记自动播放一段视频文件，指定宽高并添加控制条工具。根据上述功能，新建一个名称为 h6_2.html 的页面文件，并在页面中加入如清单 1-6-2 所示的代码。

清单 1-6-2　页面文件 h6_2.html 的源文件

```
<!doctype html>
<html>
<head>
<meta charset="utf-8">
<title>无标题文档</title>
</head>
<body>
    <video src="video/IMG_0473.MOV"
           width="200" height="150"
           autoplay controls>
```

```
        当前浏览器
    </video>
  </body>
  </html>
```

页面文件 h6_2.html 在 Chrome 浏览器中执行后，显示的效果如图 1-6-2 所示。

图 1-6-2　页面文件 h6_2.html 在浏览器中执行的效果

【案例实践】新建一个页面，添加一个<video>标记，通过该标记在页面中自动播放一段视频文件，在播放过程中，可以通过工具条进行视频的控制。

【扩展知识】无论是音频还是视频标记，当浏览器不支持标记时，标记包括的中间内容将显示在页面中；此外，视频标记的宽高属性，是标记加载前就需要执行的内容，其余属性则需要在整个视频文件加载完成后才执行。

更多相关的内容，请扫描二维码，通过微课程详细了解。

1.7　超链接标记及属性

一个 Web 页面项目通常由多个单页构成，单页之间的关联是通过超级链接标记<a>来实现的，因此，<a>标记在所有的页面标记中占有非常重要的地位；此外，<base>标记可以为拥有链接地址的元素设置全局性的链接前缀和链接打开的目标。

1. a 标记

【技能目标】理解和掌握<a>标记的功能，并能灵活地使用<a>标记的相关属性，实现页面中的内部跳转和页面间的相互跳转。

【语法格式】

```
<a href="http://www.baidu.com" target="_blank" >
点击链接显示的文本文字
</a>
```

【格式说明】<a>标记用于定义可点击的超级链接，标记中的内容为点击链接时显示的文字，"href" 属性定义点击链接时跳转的地址，"target" 属性设置链接跳转时的方式，常用方式为 "_blank" 和 "_self"，表示在一个新窗口页和本页中打开链接的地址。

【案例演示】需求：使用<a>标记创建两个超级链接，第一个点击时，在另外一个窗口打开 "百度" 首页；第二个点击时，在当前页指向某个元素。根据上述功能，新建一个名称为 h7_1.html 的页面文件，并在页面中加入如清单 1-7-1 所示的代码。

清单 1-7-1　页面文件 h7_1.html 的源文件

```html
<!doctype html>
<html>
<head>
<meta charset="utf-8">
<title>无标题文档</title>
</head>
    <a href="http://www.baidu.com" target="_blank">百度</a>
    <a href="#sina">新浪</a>
    <br /><br /><br /><br /><br /><br /><br /><br />
    <br /><br /><br /><br /><br /><br /><br /><br />
    <br /><br /><br /><br /><br /><br /><br /><br />
    <br /><br /><br /><br /><br /><br /><br /><br />
    <a href="http://www.sina.com.cn" name="sina">新浪</a>
    <br /><br /><br /><br /><br /><br /><br /><br />
    <br /><br /><br /><br /><br /><br /><br /><br />
    <br /><br /><br /><br /><br /><br /><br /><br />
    <br /><br /><br /><br /><br /><br /><br /><br />
<body>
</body>
</html>
</html>
```

页面文件 h7_1.html 在 Chrome 浏览器中执行后，显示的效果如图 1-7-1 所示。

图 1-7-1　页面文件 h7_1.html 在浏览器中执行的效果

【案例实践】新建一个页面，先添加两个<a>标记，命名为"a1"和"a2"；再添加两个<p>标记，命名为"p1"和"p2"。当点击"a1"标记时，链接到"p1"内容；当点击"a2"标记时，链接到"p2"内容。

【扩展知识】需要说明的是，<a>标记在 HTML5 框架中新增了很多属性，但在实际的开发过程中并不经常使用，使用最多的是"href"和"target"属性，新增的属性如表 1-7-1 所示。

表 1-7-1　<a>标记的其他属性

属 性 名 称	属 性 值	说　　明
download	需要下载的文件名称	定义可以下载的超级链接地址
media	媒体类型语句	定义链接文档的媒体或设备类型
type	文档类型名称	定义链接文档的 mime 类型

2. base 标记

【技能目标】熟悉并理解<base>标记的基本使用方法，能够合理使用<base>标记构建页面的基础链接地址，并能正确使用标记中的属性。

【语法格式】

<base href="链接目标地址" target="链接打开的方式" />

【格式说明】<base>标记的功能是定义页面中所有链接的默认地址，只要带链接地址的标记都会将<base>标记的"href"属性值作为链接地址的前缀内容。

【案例演示】需求：使用<base>标记定义一个链接地址，并添加"target"属性指定链接是在另外一个窗口中打开；再添加一个<a>和<img>标记，查看它们链接地址和打开方式的变化。根据上述功能，新建一个名称为 h7_2.html 的页面文件，并在页面中加入如清单 1-7-2 所示的代码。

清单 1-7-2 页面文件 h7_2.html 的源文件

```html
<!doctype html>
<html>
<head>
<base href="http://www.baidu.com" target="_blank" />
<meta charset="utf-8">
<title>无标题文档</title>
</head>
<body>
    <br />
    <img src="images/ex1.png"
        alt="没找到图片时显示的文字" /><br /><br />
    <a href="h7_1.html">点我就走</a>
</body>
</html>
```

页面文件 h7_2.html 在 Chrome 浏览器中执行后，显示的效果如图 1-7-2 所示。

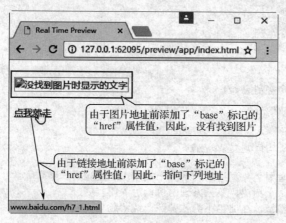

图 1-7-2 页面文件 h7_2.html 在浏览器中执行的效果

【案例实践】新建一个页面，添加一个<base>标记，通过该标记定义页面链接标记的地址前缀内容和地址打开方式，并添加一个图片和超级链接标记，点击并查看链接效果。

【扩展知识】需要说明的是，在 HTML 中，<base>是一个单标记，中间没有包含的内容，它只能放置在<head>标记中，"href"和"target"属性的功能与<a>标记相同，但它针对的是页面中全部具有链接功能的标记，而<a>标记的属性只用于元素自身。

1.8 HTML5 页面标记及属性

页面的本质是一种具有标记结构的文档，因此，它有非常多的页面标记。特别是在 HTML 时代，新增了许多页面标记，如分组、分节、框架、表格和列表标记，用于布局页面中的文字和字符内容。在接下来的章节中将详细介绍这些 HTML5 中新增的页面标记。

1. 分节标记

【技能目标】理解和掌握 HTML5 常用的分节标记的使用方法，并能合理地使用分节标记，控制和布局文章段落的页面样式效果。

【语法格式】

```
<header>页眉内容</audio>
<article>段落内容</article>
<footer>页脚内容</footer>
```

【格式说明】HTML5 中新增的常用分节标记有<header>、<article>和<footer>，<header>标记用于包含页眉内容，可以是标题或段落；<article>标记用于分节包含一段文字，文字也可以使用<h>或<p>标记进行定义；<footer>标记用于定义页脚内容，内容中可以包含作者、版权相关信息。

【案例演示】需求：分别使用常用的页面分节标记，显示一段新闻详细页面内容。根据上述功能，新建一个名称为 h8_1.html 的页面文件，并在页面中加入如清单 1-8-1 所示的代码。

清单 1-8-1　页面文件 h8_1.html 的源文件

```
<!doctype html>
<html>
<head>
<meta charset="utf-8">
<title>无标题文档</title>
</head>
<body>
    <header>
        <h1>北京金融消息</h1>
        <p>法律咨询</p>
    </header>
    <article>
        <h1>理财机构鱼龙混杂</h1>
        <p>
            第三方理财势头猛进的发展并未换来市场反应的一路高歌。
            有业内人士指出，第三方理财机构进入门槛低，
            既没有监管，注册也不需要牌照，经营还处于法律空白中。
        </p>
    </article>
    <footer>
        &copy2015 北京很时尚金融有限公司。
    </footer>
</body>
</html>
```

页面文件 h8_1.html 在 Chrome 浏览器中执行后，显示的效果如图 1-8-1 所示。

图 1-8-1　页面文件 h8_1.html 在浏览器中执行的效果

【案例实践】新建一个页面，并在页面中调用分节标记<header>、<article>和<footer>实现一段学校通知文字的展示效果。

【扩展知识】需要说明的是，<article>标记中的内容是独立于文档的其余部分，即它是一个框架性的节点标记，用于包裹其他的元素内容，也可以自身包裹自身，形成嵌套式的分节展示。

2．分组标记

【技能目标】掌握<optgroup>选项与<fieldset>表单分组标记的使用方法，并能合理地使用分组标记，布局页面中需要实现的分组效果。

【语法格式】

```
<fieldset>表单标记</fieldset>
<optgroup>选项标记</optgroup>
```

【格式说明】<fieldset>标记用于分组表单内容，在该标记内容中，可以通过添加<legend>元素来定义分组的标题，< optgroup>标记则用于分组选项列表中的内容。

【案例演示】需求：分别使用<fieldset>与<optgroup>标记，实现一个分组选择学校和班级功能效果的页面。根据上述功能，新建一个名称为 h8_2.html 的页面文件，并在页面中加入如清单 1-8-2 所示的代码。

清单 1-8-2　页面文件 h8_2.html 的源文件

```
<!doctype html>
<html>
<head>
<meta charset="utf-8">
<title>无标题文档</title>
</head>
<body>
    <fieldset style="width:200px">
    <legend>请选择学校</legend>
    <select id="school">
     <optgroup label="东城区">
```

```
                <option value ="11">义中附小</option>
                <option valuc ="12">明日二小</option>
                <option value ="13">天天一中</option>
            </optgroup>
            <optgroup label="西域区">
                <option value ="21">太阳一中</option>
                <option value ="22">草原一中</option>
                <option value ="23">地原附小</option>
                <option value ="24">明明二中</option>
            </optgroup>
        </select>
    </fieldset><br /><br />
    <fieldset style="width:200px">
    <legend>请选择班级</legend>
    <select id="name">
        <optgroup label="一年级">
          <option value ="11">(1)班</option>
          <option value ="12">(2)班</option>
          <option value ="13">(3)班</option>
        </optgroup>
        <optgroup label="二年级">
          <option value ="21">(1)班</option>
          <option value ="22">(2)班</option>
          <option value ="23">(3)班</option>
          <option value ="24">(4)班</option>
        </optgroup>
    </select>
    </fieldset>
</body>
</html>
```

页面文件 h8_2.html 在 Chrome 浏览器中执行后，显示的效果如图 1-8-2 所示。

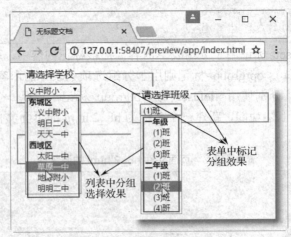

图 1-8-2　页面文件 h8_2.html 在浏览器中执行的效果

【案例实践】新建一个页面，将<fieldset>标记与<optgroup>标记相结合，实现一个省、市、区三级联动效果的功能页面。

【扩展知识】当一个页面的表单元素被<fieldset>标记分组包裹时，浏览器将以一种区域块的方式来显示这个包裹中的内容；在<optgroup>标记中，通过添加"label"属性实现分组列表标题的设置。这两个分组标记都有一个共同的属性"disabled"，表示是否要禁用该元素，默认值是可用的。

3．列表标记

【技能目标】理解并掌握常用列表标记<ul>、<ol>、<dl>的基本用法，能根据不同的应用场景和需求，合理熟练地将列表标记应用到页面。

【语法格式】

```
<ul>
    <li></li>
</ul>
<ol>
    <li></li>
</ol>
<dl>
    <dt></dt>
    <dd></dd>
</dl>
```

【格式说明】<ul>标记用于定义无序列表内容，<ol>标记用于定义有序列表内容，<dl>标记用于定义带标题的普通列表。<ul>和<ol>标记中的表项内容都是通过<li>标记来声明的；<dl>标记中的<dt>标记用于定义列表的标题，<dd>标记则用于定义列表中的表项内容。

【案例演示】需求：分别使用上述列表元素，在页面中显示某小学中各年级内容。根据上述功能，新建一个名称为 h8_3.html 的页面文件，并在页面中加入如清单 1-8-3 所示的代码。

清单 1-8-3　页面文件 h8_3.html 的源文件

```
<!doctype html>
<html>
<head>
<meta charset="utf-8">
<title>无标题文档</title>
</head>
<body>
    <ul type="square">
        <li>一年级</li>
        <li>二年级</li>
        <li>三年级</li>
    </ul>
    <ol type="I">
        <li>一年级</li>
        <li>二年级</li>
        <li>三年级</li>
    </ol>
    <dl>
        <dt>人才附小</dt>
        <dd>一年级</dd>
        <dd>二年级</dd>
        <dd>三年级</dd>
    </dl>
</body>
</html>
```

页面文件 h8_3.html 在 Chrome 浏览器中执行后，显示的效果如图 1-8-3 所示。

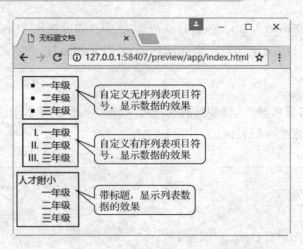

图 1-8-3 页面文件 h8_3.html 在浏览器中执行的效果

【案例实践】新建一个页面，通过使用<dl>列表标记，实现一个二级菜单效果的页面需求，并使用<ol>标记创建一个新闻排行列表。

【扩展知识】需要说明的是，虽然无序或有序列表都可以通过添加"type"属性来设置列表项显示时的前缀符号，但官方并不建议这样来设置，而是希望通过调用"style"属性来完成。此外，所有的列表标记都可以嵌套使用，形成效果更为复杂的菜单或列表项。

1.9 个人信息展示

HTML 是 Web 前端开发中最基础的内容。使用 HTML 标签可以搭建任何一个网站页面的整体结构。这一节我们要使用 HTML 中常用的文本及图片标签实现一个展示个人信息的界面。接下来就来详细地介绍这个项目。

【任务描述】通过使用本节学习的标记显示个人信息，包括基本信息、教育背景、个人特长三部分。要求必须使用常用的文本标记，另外，要使用<img>标记并设置标记属性。

【页面结构】根据上述功能，新建一个名称为 index.html 的页面文件，并在页面中加入如清单 1-9-1 所示的代码。

清单 1-9-1 页面文件 index.html 的源文件

```
//省略头文件代码
<div>
<h1>学生信息</h1>
    <h3>基本信息</h3>
    <hr>
    <span>姓名:小明</span>  <span>年龄:12</span>
    <br>
    <img src="img.jpg" alt="" width="200px" height="200px">
</div>
<div>
    <h3>教育背景</h3>
    <hr>
```

```
    <div>学校:乔布斯大学</div>
    <div>专业:计算机科学与技术</div>
    <h3>特长</h3>
    <hr>
</div>
<div>
    <ul>
        <li>唱歌</li>
        <li>跳舞</li>
        <li>玩游戏</li>
    </ul>
<div>
```

【页面布局】页面文件 index.html 在 Chrome 浏览器中执行后,显示的效果如图 1-9-1 所示。

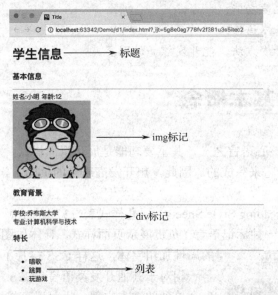

图 1-9-1　页面文件 index.html 在浏览器中执行的效果

【源码分析】代码中通过使用标题标记来显示个人信息的分类标题,使用<span>标记显示不需要换行的基本信息,使用<img>标记显示图片并设置图片的宽高,通过<div>标记显示教育信息,通过<ul>列表显示爱好。每个模块之间使用<hr>分割。

第 2 章

CSS3 基础应用

本章学习目标：

◆ 了解 CSS3 基本概念。

◆ 理解 CSS3 的主要功能。

◆ 掌握 CSS3 的基本语法。

◆ 掌握 CSS3 的开发方法，能开发漂亮的网页。

2.1 CSS3 基本概念

CSS3 是万维网的核心语言之一，其主要功能是展示页面样式，也就是说，网页的外观、布局、美化效果都是由它来完成的。因此，想开发高质量的页面，学习 CSS3 是必不可少的。

1. CSS3 是什么

CSS 的全称是 Cascading Style Sheets，层叠样式表，3 指的是版本，CSS3 是 CSS 技术的升级版本。CSS 语言是一种标记语言，负责展示页面样式，具体如图 2-1-1 所示。我们用 CSS 的属性加粗字体，这样 CSS 接管了网页样式的处理。

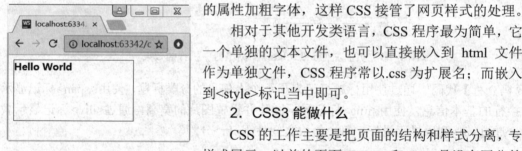

图 2-1-1　CSS 是什么

相对于其他开发类语言，CSS 程序最为简单，它可以是一个单独的文本文件，也可以直接嵌入到 html 文件当中。作为单独文件，CSS 程序常以.css 为扩展名；而嵌入时，写到<style>标记当中即可。

2. CSS3 能做什么

CSS 的工作主要是把页面的结构和样式分离，专门负责样式展示。以前的页面 HTML 和 CSS 是没有区分的，都是 HTML，这样的后果是有很多标签并没有任何语义，只是表示特殊的样式，同时为了规定样式的属性标签层出不穷，这就是内容和表现的杂糅。

在新式的页面中，HTML 只表示结构和内容，样式部分交给 CSS 控制，做到了内容和表现分离。所以，CSS 就是专业负责设置页面样式的语言，具体见图 2-1-2。

如图 2-1-2 所示，通过 CSS 属性，设置了 div 的字体。显然，以前杂糅在 html 中显示样式的标签被 CSS 属性所取代，CSS 规定了页面展示的样式。

```
1    <!DOCTYPE html>
2    <html lang="en">
3    <head>
4        <meta charset="UTF-8">
5        <style>
6            div{
7                font-weight: 900 ;
8            }
9        </style>
10   </head>
11   <body>
12       <div><b>Hello World</b></div>
13   </body>
14   </html>
```

用CSS的属性取代html
表示样式的标签、属性

图 2-1-2　CSS 能做什么

3．一个简单的 CSS3 示例

【技能目标】对 CSS 有个初步入门级了解，能够识别什么是 CSS 代码，简单掌握 CSS 开发流程，了解 CSS 语法格式。

【语法格式】

```
key: value
```

【格式说明】key 指的是 CSS 属性，属性是 CSS 基本单位，也可以称为 CSS 关键字，规定处理哪方面的页面效果。value 是属性对应的值，不同值对应不同效果。

【案例演示】需求：设置页面中元素背景色为红色，根据上述功能，新建一个名称为 h2_1_1.html 的页面文件，并在页面中加入如清单 2-1-1 所示的代码。

清单 2-1-1　页面文件 h2_1_1.html 的源文件

```
<!DOCTYPE html>
<html lang="en">
<head>
    <meta charset="UTF-8">
    <style>
        div{
            background-color: red;
        }
    </style>
</head>
<body>
    <div>Hello World</div>
</body>
</html>
```

页面文件 h2_1_1.html 在 Chrome 浏览器中执行后，显示的效果如图 2-1-3 所示。

图 2-1-3　页面文件 h2_1_1.html 在浏览器中执行的效果

【案例实践】新建一个页面，开发 div 元素，在 head 中开发<style>标签，在标签内开发 CSS 代码，把 div 元素的背景色设置为黄色。

【扩展知识】当然，CSS 能设置的样式远比当前我们介绍的要高级、要复杂，需要我们一步一步了解。尤其是 CSS3 以来，又增加了大量新的特性，受到了广大前端开发者的热捧。

2.2 CSS3 的引入方式

在对 CSS 有大致了解之后，我们知道 CSS 通过作用于 HTML 来规定网页样式。那么，本节探讨一下总共有多少种方式让 HTML 和 CSS 结合起来，每种方式是如何开发的，以及最实用的方式是什么。

1. 外部引入方式

【技能目标】掌握 CSS 外部引入方式的基本使用方法，初步理解外部引入方式，并能结合需求使用外部引入方式，在页面中完成开发。

【语法格式】

```
<link rel="stylesheet" type="text/css" href="xxx.css" />
```

【格式说明】link 是 XHTML 标签，这里用于引入 CSS 文件。rel：规定当前文档与被链接文档之间的关系，目前只有 stylesheet 和 icon 支持的比较好，stylesheet 指样式表；href：被链接的外部文档的位置；type：规定被链接文档的 MIME 类型，最常见的 MIME 类型是"text/css"。

【案例演示】需求：使用<link>标记引入外部 CSS 文件。根据上述功能，新建一个名称为 h2_2_1.html 的文件，在页面中加入如清单 2-2-1 所示的代码；新建一个名称为 h2_2_2.css 的文件，加入如清单 2-2-2 所示的代码。

清单 2-2-1　页面文件清单 h2_2_1.html 的源文件

```
<!DOCTYPE html>
<html lang="en">
<head>
    <meta charset="UTF-8">
    <link rel="stylesheet" type="text/css" href="h2_2_1.css"/>
</head>
<body>
    <div>外部引入</div>
</body>
</html>
```

清单 2-2-2　页面文件清单 h2-2-2 .css 的源文件

```
div{
  color:red
}
```

页面文件 h2_2_1.html 在 Chrome 浏览器中执行后，显示的效果如图 2-2-1 所示。

【案例实践】新建一个页面，引入外部 CSS 文件，用 CSS 代码规定本页元素显示效果。

【扩展知识】外部引入方式是 CSS 样式表使用频率最高的方式。其好处在于：第一，实现 HTML 页面与 CSS 样式分离；第二，前期开发便于分工；第三，后期维护便于管理；第四，同一个 CSS 文件可以链接到多个 HTML 文件中，这样 CSS 代码便于复用。

图 2-2-1　页面文件 h2_2_1.html 在浏览器中执行的效果

2．头部内嵌方式

【技能目标】掌握 CSS 头部内嵌的基本使用方法，初步理解头部内嵌方式，并能结合需求使用头部内嵌方式，在页面中完成开发。

【语法格式】

```
<style type="text/css">div{color:red}</style>
```

【格式说明】<style>标记用于为 HTML 文档定义样式信息。在 style 中，用户可以规定在浏览器中如何呈现 HTML 文档。type 属性是必需的，定义 style 元素的内容，唯一可能的值是"text/css"。style 元素位于 head 部分中。

【案例演示】需求：使用<style>标记头部内嵌 CSS 代码。根据上述功能，新建一个名称为 h2_2_2.html 的文件，在页面中加入如清单 2-2-3 所示的代码。

清单 2-2-3　页面文件 h2-2-2.html 的源文件

```
<!DOCTYPE html>
<html lang="en">
<head>
    <meta charset="UTF-8">
    <style>
        div{color:red}
    </style>
</head>
<body>
    <div>头部嵌入 CSS 代码</div>
</body>
</html>
```

页面文件 h2-2-2.html 在 Chrome 浏览器中执行后，显示的效果如图 2-2-2 所示

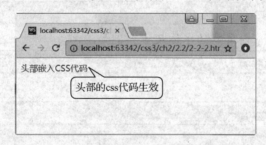

图 2-2-2　页面文件 h2-2-2.html 在浏览器中执行的效果

【案例实践】新建一个页面，在头部开发<style>标记，在标记内部开发 CSS 代码。用该 CSS 代码完成对页面元素样式的设置。

【扩展知识】在页面中，除了这两种最常用的 CSS 代码引入方式外，还有一种元素属性方式，例如：<element style="attr:value;attr:value">。事实上，这种方式并不陌生，简而言之就是把 CSS 代码写在 html 元素的 style 属性值位置上。

更多相关的内容，请扫描二维码，通过微课程详细了解。

2.3　CSS3 语法介绍

作为一门独立的语言，CSS 也有自己的语法。CSS 由多组规则组成，每个规则由"选择器"（selector）、"属性"（property）和"值"（value）组成。本节给出具体介绍。

1. 语法的格式

（1）基本语法。如图 2-3-1 所示，CSS 语法中的主要组件包括：选择器、属性、值。具体而言，选择器规定 CSS 代码作用于哪个或者哪些 HTML 代码；CSS 规定了大量属性，目的在控制选择器的样式；值指属性接受的设置值，多个关键字时大都以空格隔开。

属性和值之间用冒号分开，属性和值合称为"特性"，多个特性之间加分号，前后用大括号"{}"包裹起来。

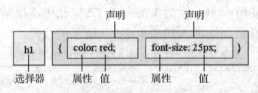

图 2-3-1　CSS 语法说明图解

（2）CSS 注释。样式表里面的注释使用 C 语言编程中一样的约定方法去指定，注释的内容会被浏览器忽略，可用于为样式表加注释及调试使用。CSS 注释语法格式如下：

```
/*  css 注释  */
```

（3）长度单位，在 CSS 样式表中可以使用相对长度单位和绝对长度单位，具体如下：

相对长度单位：

● px 像素（Pixel）。例如：

```
div{font-size:12px;} ;
```

● em 相对于当前对象内文本的字体尺寸。例如：

```
div{font-size:1.2em;};
```

● %百分比。例如：

```
div{font-size:80%;} ;
```

绝对长度单位：

● pt（点，Point）。

● cm（厘米，Centimeter）。

● mm（毫米，Millimeter）。

换算比例：1in = 2.54cm = 25.4 mm = 72pt = 6pc。

（4）颜色。在 CSS 中 color 有四种表示方式。

第一种表示方式是直接写出颜色的英文。例如，blue（蓝色）、red（红的），总共可以表示 17 种颜色，如有需要可以查看 CSS 的 API，这里不一一列举。实例：

```
body{ background-color:red};
```

第二种表示方式是用红色、绿色、蓝色的值设定 color 的值。例如，rgb(204,213,9)，其中 r 代表 red（红色），g 代表 green（绿色），b 代表 blue（蓝色）。括号中的第一个值是 red 的值，第二个值是 green 的值，第三个值是 blue 的值，每个值的范围在 0～255 之间。实例：

```
body{ background-color: rgb(100,100,100)};
```

第三种表示方式是用红色、绿色、蓝色的值的百分比设定 color 的值。例如，rgb(20%,20%,0)。实例：

```
body{ background-color:rgb(10%,10%,50%) };
```

第四种表示方式是使用颜色的十六进制值设定 color 的值。十六进制颜色表示以#开头，1～9、a～f 分别表示 0～16 的数字，#后面第一、二位数字表示红色的值，第三、四位数字表示绿色的值，最后两位数字表示蓝色的值。例如，#cc0066，其中 cc 表示红色部分，00 表示绿色部分，66 表示黄色部分。实例：

```
body{ background-color: #21439c};
```

（5）URL 地址写法。CSS 指定 URL 地址方式如下：

```
body{background-image:url(bg.jpg ) };
body{background-image:url(http://www.lp.cn/im/bg.jpg)};
body{background-image:url('bg.jpg') };
body{background-image:url("bg.jpg") };
```

2. 与 CSS2 的不同

如果接触过 CSS 语言，就知道 CSS3 并不是一门新的语言，它是在 CSS2 基础上的升级版本。所以，CSS3 能完成 CSS2 的功能，并加上本身的一些特性。

（1）强大的选择器。CSS3 新增了大量选择器，使设计师能够更加方便、容易、精确地设计网页样式，而又不需要在网页中添加大量的 ID、class 等标识。具体见表 2-3-1。

表 2-3-1　CSS3 新增选择器

选　择　器	示　例	描　述
[attribute^=value]	a[src^="https"]	选择其 src 属性值以 "https" 开头的每个<a>元素
:first-of-type	p:first-of-type	选择属于其父元素的首个<p>元素的每个<p>元素
:nth-child(n)	p:nth-child(2)	选择属于其父元素的第二个子元素的每个<p>元素
:nth-last-child(n)	p:nth-last-child(2)	同上，从最后一个子元素开始计数
:nth-of-type(n)	p:nth-of-type(2)	选择属于其父元素第二个<p>元素的每个<p>元素
:nth-last-of-type(n)	p:nth-last-of-type(2)	同上，但是从最后一个子元素开始计数
:last-child	p:last-child	选择属于其父元素最后一个子元素的每个<p>元素

此外，需要说明的是，CSS3 选择器和 jQuery 选择器非常相似，学习了这些对我们之后

学习 jQuery 框架（前端最流行的框架）有很大帮助。

（2）图片样式展示功能增强。border-image 属性允许设定图片的边框样式，使得以前依赖设计师来设计图片样式得到改善。同样的图片，展示得更加丰富，可以满足不同风格网站的需要。

（3）背景样式设计的丰富。background-clip（规定背景的绘制区域）、background-origin（规定背景图片的定位区域）、background-size（规定背景图片的尺寸）等背景属性的增加，使得背景样式更加丰富。此外，辅助其他标签，可以实现展示效果动态化。

（4）弹性盒子模型。CSS3 实现弹性盒子模型，这在布局上给大家一种全新的体验，能实现各种形式的布局，特别在移动端的布局上，它的功能更加强大。

（5）阴影效果。分为两种：文本阴影（text-shadow）和盒子阴影（box-shadow）。text-shadow 实现向文本添加阴影；box-shadow 实现盒子阴影，向方框添加一个或多个阴影。

（6）多列布局。CSS3 新增了多列布局属性，使得设计师不用 DIV 就能实现多栏目效果，大大简化了开发复杂度。这种效果是大多数网站所采用的。多列布局属性列表如表 2-3-2 所示。

表 2-3-2　多列布局属性列表

属　　性	描　　述
column-count	规定元素应该被分隔的列数
column-fill	规定如何填充列
column-gap	规定列之间的间隔
column-rule	设置所有 column-rule-* 属性的简写属性
column-span	规定元素应该横跨的列数
column-width	规定列的宽度

（7）开放字体类型。@font-size 是 CSS 最具有突破性的特性之一，它实现了页面展示效果不依赖于用户机器的字体安装情况。页面的字体来源于服务器，网站不用担心由于用户机器环境的不同，导致页面字体效果无法正常显示。

（8）过渡与动画效果。CSS3 的过渡效果让页面更好地呈现出流线性、平滑性效果；也能配合其他属性，实现简单动画效果。而 CSS3 新增了大量的动画特性，很好地满足了 Web 2.0 时代动画效果的需求，能够实现更为复杂的动画样式效果。新增动画效果属性如表 2-3-3 所示。

表 2-3-3　新增动画效果属性

属　　性	描　　述
@keyframes	规定动画
animation	所有动画属性的简写属性，除了 animation-play-state 属性
animation-play-state	规定动画是否正在运行或暂停
animation-fill-mode	规定对象动画时间之外的状态

（9）媒体特性。CSS3 媒体特性可以实现响应式布局，这也是 CSS3 最大的魅力之一。所谓响应式布局，就是指根据用户终端大小自动实现网页适配。新增媒体特性属性如表 2-3-4 所示。

表 2-3-4　新增媒体特性属性

属　　性	描　　述
fit	对 width 和 height 属性均不是 auto 的被替换元素进行缩放
fit-position	定义盒内对象的对齐方式
image-orientation	规定用户代理应用于图像的顺时针方向旋转
page	规定元素应该被显示的页面特定类型
size	规定页面内容包含框的尺寸和方向

2.4　CSS3 选择器

　　在 CSS 中，选择器是一种模式，用于选择需要添加样式的元素。CSS3 选择器可以支持所有以前版本的选择器，同时增加了属性、伪类、兄弟元素三类选择器。对于新增的选择器，在接下来的章节中将一一进行详细讲解。

　　1. 属性选择器

　　【技能目标】理解属性选择器的功能，掌握属性选择器的使用方法。通过属性选择器能够实现对页面中任意元素的选定，并设置其样式。

　　【语法格式】

```
[attribute^=value]
```

　　【格式说明】[]表示将要选定的是元素的属性；attribute 表示属性名；^ 表示这个属性名用什么开头；=用来区别属性名和属性值，左边是属性名，右边是属性值；value 表示属性值。其语义是：选择页面中有 attribute 属性并且属性值以 value 开头的所有标签。

　　【案例演示】需求：选定页面中有 class 属性，且属性值以 mytag 开头的 div 标签；设置背景色为#ffff00。根据上述功能，新建一个名称为 h2_4_1.html 的文件，在页面中加入如清单 2-4-1 所示的代码。

清单 2-4-1　页面文件 h2_4_1.html 的源文件

```
<!DOCTYPE html>
<html>
<head>
<style>
div[class^="mytag"]
{
    background:#ffff00;
}
</style>
</head>
<body>
    <div class="first_mytag">第一个 div 元素。</div>
    <div class="mytagsecond">第二个 div 元素。</div>
    <div class="mytag">第三个 div 元素。</div>
    <p class="test">这是段落中的文本。</p>
</body>
</html>
```

页面文件 h2_4_1.html 在 Chrome 浏览器中执行后，显示的效果如图 2-4-1 所示。

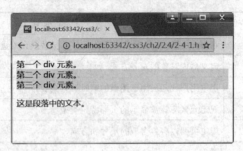

图 2-4-1　页面文件 h2_4_1.html 在浏览器中执行的效果

【案例实践】新建一个页面，用属性选择器选定页面中的某个或某些元素，通过该选择器，实现页面中元素样式的设置。

【扩展知识】CSS3 新增了三个属性选择器，除了刚刚介绍的，还有两个，详细见表 2-4-1。同理，其他两个属性选择器的使用方法大致相同。根据选用的[attribute^=value]实例，可以参考表格的描述，自己动手完成自学。

表 2-4-1　CSS3 新增属性选择器

选 择 器	例　　子	例 子 描 述
[attribute$=value]	a[src$=".pdf"]	选择其 src 属性以 ".pdf" 结尾的所有<a>元素
[attribute*=value]	a[src*="abc"]	选择其 src 属性中包含 "abc" 子串的每个<a>元素

2. 伪类选择器

【技能目标】理解伪类选择器的功能，掌握伪类选择器的使用方法。通过伪类选择器能够实现对页面中任意元素的选定，并设置其样式。

【语法格式】

```
:empty
```

【格式说明】:表示将要选定的是元素的状态，通过该符号，确定了选择的标准是通过伪类选择器选定页面元素；empty 表示元素的状态是没有子元素。其语义是：选择页面中没有子元素的标签。

【案例演示】需求：选定页面中没有子元素的 P 标签，设定宽、高分别为 90px、20px，背景色为#ff0000。根据上述功能，新建一个名称为 h2_4_2.html 的文件，在页面中加入如清单 2-4-2 所示的代码。

清单 2-4-2　页面文件 h2_4_2.html 的源文件

```
<!DOCTYPE html>
<html lang="en">
<head>
    <meta charset="UTF-8">
    <style>
        p:empty
        {
            width:100px;
            height:20px;
```

```
        background:#ff0000;
    }
    </style>
</head>
<body>
    <p>我是第一个段落。</p>
    <p></p><!--空的-->
    <p>我是第三个段落。</p>
</body>
</html>
```

页面文件 h2_4_2.html 在 Chrome 浏览器中执行后，显示的效果如图 2-4-2 所示。

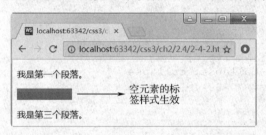

图 2-4-2　页面文件 h2_4_2.html 在浏览器中执行的效果

【案例实践】新建一个页面，先在页面中添加一个无序列表元素，并在元素中添加一些内容，某些不添加内容；然后使用伪类选择器中的:empty 选定某些元素，并设置样式。

【扩展知识】CSS3 新增了九个伪类选择器的属性，详细说明见表 2-4-2。 这些属性选择器使用方法大致相同。参照选用的 p:empty 实例，可以根据表格的描述，自己动手完成自学。

表 2-4-2　CSS3 新增其他伪类选择器

选 择 器	例 子	例 子 描 述
:empty	p:empty	选择没有子元素的每个 <p> 元素（包括文本节点）
:target	#news:target	选择当前活动的 #news 元素
:enabled	input:enabled	选择每个启用的 <input> 元素
:disabled	input:disabled	选择每个禁用的 <input> 元素
:checked	input:checked	选择每个被选中的 <input> 元素
:not(selector)	:not(p)	选择非 <p> 元素的每个元素
::selection	::selection	选择被用户选取的元素部分

3．兄弟元素选择器

【技能目标】理解兄弟元素选择器的功能，掌握兄弟元素选择器的使用方法。通过兄弟元素选择器能够实现对页面中任意元素的选定。

【语法格式】

```
:nth-child(n)
```

【格式说明】:nth-child(n) 选择器匹配属于其父元素的第 n 个子元素，不论元素的类型。n 可以是数字、关键词或公式。

【案例演示】需求：选定页面中表格的偶数行，实现间色效果。根据上述功能，新建一个名称为 h2_4_3.html 的文件，在页面中加入如清单 2-4-3 所示的代码。

清单 2-4-3　页面文件 h2_4_3.html 的源文件

```html
<!DOCTYPE html>
<html lang="en">
<head>
    <meta charset="UTF-8">
    <style>
        tr:nth-child(even)
        {
            background: #F4F4F4;
        }
        table
        {
            width: 200px;
            border: 0;
            text-align: left;
            border-collapse: collapse;
            border-spacing: 0;
        }
    </style>
</head>
<body>
<table>
    <tr>
        <th>星期</th>
        <th>课程</th>
    </tr>
    <tr>
        <td>星期一</td>
        <td>iso</td>
    </tr>
    <tr>
        <td>星期二</td>
        <td>数学</td>
    </tr>
    <tr>
        <td>星期三</td>
        <td>web</td>
    </tr>
    <tr>
        <td>星期四</td>
        <td>java</td>
    </tr>
</table>
</body>
</html>
```

页面文件 h2_4_3.html 在 Chrome 浏览器中执行后，显示的效果如图 2-4-3 所示。

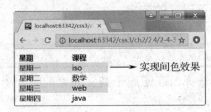

图 2-4-3　页面文件 h2_4_3.html 在浏览器中执行的效果

【案例实践】新建一个页面，先在页面中添加一个无序列表元素，并在列表元素中放置多项不同的内容；然后使用兄弟元素选择器中的 nth-child(n) 匹配偶数行，实现间色效果。

【扩展知识】CSS3 新增了九个兄弟元素选择器，详细说明见表 2-4-3。其他兄弟元素选择器的使用方法大致相同。根据选用的 tr:nth-child(even)实例，可以参考表格的描述，自己动手完成自学。

表 2-4-3　CSS3 新增兄弟元素选择器

选 择 器	例 子	例 子 描 述
:first-of-type	p:first-of-type	选择属于其父元素的首个\<p\>元素的每个\<p\>元素
:last-of-type	p:last-of-type	选择属于其父元素的最后\<p\>元素的每个\<p\>元素
:only-of-type	p:only-of-type	选择属于其父元素唯一的\<p\>元素的每个\<p\>元素
:only-child	p:only-child	选择属于其父元素的唯一子元素的每个\<p\>元素
:nth-child(n)	p:nth-child(2)	选择属于其父元素的第二个子元素的每个\<p\>元素
:nth-last-child(n)	p:nth-last-child(2)	同上，从最后一个子元素开始计数
:nth-of-type(n)	p:nth-of-type(2)	选择属于其父元素第二个\<p\>元素的每个\<p\>元素
:nth-last-of-type(n)	p:nth-last-of-type(2)	同上，但是从最后一个子元素开始计数
:last-child	p:last-child	选择属于其父元素最后一个子元素的每个\<p\>元素

更多相关的内容，请扫描二维码，通过微课程详细了解。

2.5　CSS3 文本相关样式

CSS3 增强了对文字效果的显示功能，包括文字特效、字体设置等。对于新增文字效果显示属性，在接下来的章节中我们将一起来学习一下。

1. word-break 属性

【技能目标】掌握 word-break 属性的使用方法。初步理解该属性的功能，并能结合需求使用该属性。

【语法格式】

```
word-break: normal|break-all|keep-all;
```

【格式说明】word-break 属性规定自动换行的处理方法。normal 表示使用浏览器默认的换行规则；break-all 表示允许在单词内换行；keep-all 表示只能在半角空格或连字符处换行。

【案例演示】需求：选定页面中的文本，设定长单词自动换行。根据上述功能，新建名称为 h2_5_1.html 的文件，在页面中加入如清单 2-5-1 所示的代码。

清单 2-5-1　页面文件 h2_5_1.html 的源文件

```
<!DOCTYPE html>
<html lang="en">
<head>
    <meta charset="UTF-8">
    <style>
```

```
        p.demo1
        {
            width:11em;
            border:1px solid;
            word-break:normal;
        }
        p.demo2
        {
            width:11em;
            border:1px solid;
            word-break:break-all;
        }
    </style>
</head>
<body>
    <p class="demo1">
        he is a veryveryveryveryveryveryveryveryveryvery
     great man
    </p>
    <p class="demo2">
        he is a veryveryveryveryveryveryveryveryveryvery
    great man
    </p>
</body>
</html>
```

页面文件 h2_5_1.html 在 Chrome 浏览器中执行后，显示的效果如图 2-5-1 所示。

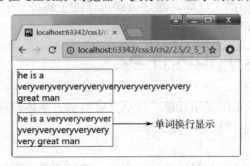

图 2-5-1　页面文件 h2_5_1.html 在浏览器中执行的效果

【案例实践】新建一个页面，用 word-break 属性规定元素内文本样式，实现超长文本换行效果。

【扩展知识】word-break 属性实现在恰当的断字点换行，使浏览器实现在任意位置换行，增强了浏览器处理页面文字的效果。需要注意的一点是，该属性主要是规定非中、日、韩文本的换行规则。

2．word-wrap 属性

【技能目标】理解 word-wrap 属性的功能，掌握 word-wrap 属性的使用方法。通过 word-wrap 属性能够对页面中 URL 实现自动换行。

【语法格式】

```
word-wrap: normal|break-word;
```

【格式说明】word-wrap 属性允许长单词或 URL 地址换行到下一行。normal 只在允许的断字点换行（浏览器保持默认处理），break-word 在长单词或 URL 地址内部进行换行。

【案例演示】需求：选定页面中某行文本，实现该行文本长 URL 自动换行效果。根据上述功能，新建一个名称为 h2_5_2.html 的文件，在页面中加入如清单 2-5-2 所示的代码。

清单 2-5-2　页面文件 h2_5_2.html 的源文件

```
<!DOCTYPE html>
<html lang="en">
<head>
    <meta charset="UTF-8">
    <style type='text/css'>
        p.demo1
        {
            width:11em;
            border:1px solid;
            word-wrap:normal;
        }
        p.demo2
        {
            width:11em;
            border:1px solid;
            word-wrap:break-word;
        }
    </style>
</head>
<body>
    <p class="demo1">
        如有需要请访问宅科学院官网：
http://www.zhaikexueyuan.com.url
    </p>
    <p class="demo2">
        如有需要请访问宅科学院官网：
http://www.zhaikexueyuan.com.url
    </p>
</body>
</html>
```

页面文件 h2_5_2.html 在 Chrome 浏览器中执行后，显示的效果如图 2-5-2 所示。

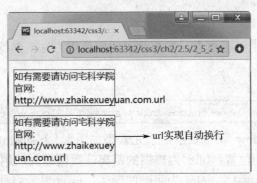

图 2-5-2　页面文件 h2_5_2.html 在浏览器中执行的效果

【案例实践】新建一个页面，用 word-wrap 属性实现页面元素中 URL 自动换行显示。

【扩展知识】word-wrap 属性同 word-break 属性功能相似，可以对比记忆，加深理解。word-wrap 属性允许对长的不可分割的单词或者 URL 进行分割并换行到下一行，功能更全面。

2.6 盒子模型相关样式

CSS 盒子模型是 CSS 布局的基础，在浏览器下，每一个 HTML 元素都会被解析为一个装有东西的盒子。盒子描述了元素及属性在页面布局中所占空间的大小及元素之间的相互关系。盒子模型是 CSS 的重点、难点之一，下面详细解释。

1. 盒子的基本类型

在盒子模型中，盒子本身有自己的边框，盒子里的内容有自己的高度和宽度，盒子里的内容到盒子边框的距离称为内边距，边框以外是外边距，外边距默认是透明的。增加内边距、边框和外边距不会影响内容区域的尺寸，但是会增加元素的总尺寸。

如图 2-6-1 所示，图中最里层的矩形框部分是网页中的 height 和 width 属性；第二层虚线框部分是网页中的 padding，即填充物；第三层矩形框部分网页中称为 border；外层部分网页中称为 margin，指两个盒子之间的距离。

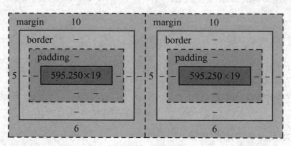

图 2-6-1 盒子模型示意图

值得说明的是，padding、border、margin 很多情况会设置为 0，也就是不占空间。事实上，这三个要素无论设置为多少，并不会影响元素的 height 和 width。这也是盒子模型较难理解的地方。

2. 盒子使用阴影

【技能目标】理解盒子阴影概念，掌握盒子阴影使用方法。熟练使用 box-shadow 属性为框添加一个或多个阴影。

【语法格式】

```
box-shadow: h-shadow v-shadow blur spread color inset;
```

【格式说明】box-shadow 属性表示给该元素添加阴影。h-shadow 规定水平阴影的位置；v-shadow 规定垂直阴影的位置；blur 为模糊的距离，数值越大，越模糊；spread 为阴影的尺寸，数值越大，阴影面积越大；color 为阴影的颜色；inset 表示将外部阴影改为内部阴影。

【案例演示】需求：选定页面中某个盒子，实现该盒子的阴影效果。根据上述功能，新建一个名称为 h2_6_1.html 的文件，在页面中加入如清单 2-6-1 所示的代码。

清单 2-6-1 页面文件 h2_6_1.html 的源文件

```
<!DOCTYPE html>
<html lang="en">
<head>
```

```
    <meta charset="UTF-8">
    <style>
        div
        {
            width:300px;
            height:100px;
            background-color:#ff9900;
            box-shadow: 10px 10px 5px #888888;
        }
    </style>
</head>
<body>
    <div>盒子有阴影</div>
</body>
</html>
```

页面文件 h2_6_1.html 在 Chrome 浏览器中执行后，显示的效果如图 2-6-2 所示。

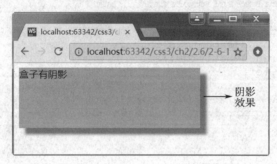

图 2-6-2　页面文件 h2_6_1.html 在浏览器中执行的效果

【案例实践】新建一个页面，添加一个块元素，然后使用 box-shadow 属性实现块元素阴影显示效果。

【扩展知识】使用 box-shadow 为框添加一个或多个阴影。该属性是由逗号分隔的阴影列表，每个阴影由 2～4 个长度值、可选的颜色值及可选的 inset 关键词来规定。省略长度的值是 0。

更多相关的内容，请扫描二维码，通过微课程详细了解。

2.7　背景边框样式

CSS3 增加了许多控制背景和边框样式的相关属性，借助"background-orgin"、"border-radius"、"background-image"属性可以极大地增强页面布局的灵活性、美观性，同时，使页面的布局图文并茂。接下面我们一起来了解一下。

1．背景新增属性

【技能目标】掌握 CSS3 背景和边框样式属性的使用方法。初步理解这些属性的功能，并能结合需求使用这些属性。

【语法格式】

```
background-origin:padding-box|border-box|content-box;
```

【格式说明】background-origin 属性规定背景内容相对于什么位置来定位。总共有三个可选值，padding-box：背景图像相对于内边距框来定位；border-box：背景图像相对于边框盒来定位；content-box：背景图像相对于内容框来定位。

【案例演示】需求：选定页面中的两个盒子，定位不同背景内容的盒子，一个相对边框，一个相对内容。根据上述功能，新建名称为 h2_7_1.html 的文件，在页面中加入如清单 2-7-1 所示的代码。

清单 2-7-1　页面文件 h2_7_1.html 的源文件

```html
<!DOCTYPE html>
<html lang="en">
<head>
    <meta charset="UTF-8">
    <style>
        div{
            border:1px solid black;
            padding:35px;
            background-image:url('../image/1.gif');
            background-repeat:no-repeat;
            background-position:left;
            float:left
        }
        #demo1{background-origin:border-box;}
        #demo2{background-origin:content-box;}
    </style>
</head>
<body>
    <div id="demo1">该图片相对于边框定位<br/>请查看效果</div>
    <div id="demo2">该图片相对于内容定位<br/>请查看效果</div>
</body>
</html>
```

页面文件 h2_7_1.html 在 Chrome 浏览器中执行后，显示的效果如图 2-7-1 所示。

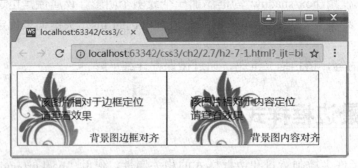

图 2-7-1　页面文件 h2_7_1.html 在浏览器中执行的效果

【案例实践】新建页面，用 background-origin 属性规定元素背景内容的样式，实现背景内容定位。

【扩展知识】CSS3 总共增加了三个背景属性，其中我们已经以 background-origin 为例重点介绍了使用方法。根据以上案例，按照说明，可动手学习其他两个：background-clip，规定背景的绘制区域；background-size，规定背景图片的尺寸。

2. 圆角边框的绘制

【技能目标】理解圆角边框的绘制特性，掌握圆角边框绘制的使用方法。通过圆角边框的绘制能够实现对页面中按钮、盒子等元素的美化。

【语法格式】

```
border-radius: 1-4 length|% / 1-4 length|%;
```

【格式说明】border-radius 属性可以为页面元素添加圆角。Length 值表示圆角的半径，可以是 1～4 个值表示四个角，数值或百分比都可以。

【案例演示】需求：选中页面中的 div，设置圆角边框效果。根据上述功能，新建一个名称为 h2_7_2.html 的文件，在页面中加入如清单 2-7-2 所示的代码。

清单 2-7-2　页面文件 h2_7_2.html 的源文件

```html
<!DOCTYPE html>
<html lang="en">
<head>
    <meta charset="UTF-8">
    <style>
        div
        {
            text-align:center;
            border:2px solid #a1a1a1;
            padding:10px 40px;
            background:#dddddd;width:120px;
            border-radius:20px;
        }
    </style>
</head>
<body>
    <div>圆角边框效果。</div>
</body>
</html>
```

页面文件 h2_7_2.html 在 Chrome 浏览器中执行后，显示的效果如图 2-7-2 所示。

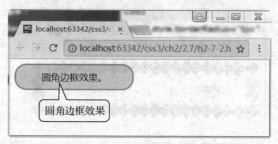

图 2-7-2　页面文件 h2_7_2.html 在浏览器中执行的效果

【案例实践】新建一个页面，用 border-radius 属性实现页面元素的圆角边框效果。

【扩展知识】除了上述的简写外，还可以和 border 一样，分别设置四个角，具体如下：

```
border-top-left-radius:              //左上角
border-top-right-radius:             //右上角
border-bottom-right-radius:          //右下角
border-bottom-left-radius:           //左下角
```

3. 图像边框的使用

【技能目标】理解图像边框的绘制特性，掌握图像边框绘制的使用方法。通过图像边框的绘制能够实现对页面中按钮、盒子等元素的美化。

【语法格式】

```
border-image:url(xx.png) 10 20 30 40 stretch stretch;
```

【格式说明】border-image 属性可以为页面元素边框添加图片。url (xx.png)表示引入该图片；10 20 30 40 指的是边框的宽度，分别是上、右、下、左；stretch stretch，第一个指的是水平规则，第二个指的是垂直规则。这里的规则有三种：stretch（拉伸方式）、repeat（重复方式）和 round（平铺方式）。

【案例演示】需求：选中页面中的 div，设置图片边框效果。根据上述功能，新建一个名称为 h2_7_3.html 的文件，在页面中加入如清单 2-7-3 所示的代码。

清单 2-7-3   页面文件 h2_7_3.html 的源文件

```
<!DOCTYPE html>
<html lang="en">
<head>
    <meta charset="UTF-8">
    <style>
        div {border:30px solid;
            width:300px;
            padding:10px 20px;
            border-image:url(../image/border.png) 30 30 30 30 round round;
        }
    </style>
</head>
<body>
    <div>图片边框。</div>
</body>
</html>
```

页面文件 h2_7_3.html 在 Chrome 浏览器中执行后，显示的效果如图 2-7-3 所示。

图 2-7-3   页面文件 h2_7_3.html 在浏览器中执行的效果

【案例实践】新建一个页面，用 border-image 属性实现页面元素的图片边框效果。

【扩展知识】图片作为边框很可能并不适合，那么 CSS3 是如何让它们适合的呢？首先切割图片，然后按上、右、下、左的方向分别贴上去。这里我们引入 border-image-slice 属性，指的是 demo 中的 30 30 30 30，四个 30 指的是距上、右、下、左的距离，CSS3 会用这四条线切割图片。

如图 2-7-4 所示，图片被分解成 1、2、3、4、A、B、C、D、E 九个部分。1、2、3、4 不参与 border-image-repeat（排列方式）；A、B、C、D、E 这五部分，其中 A、C 参与水平方向的 border-image-repeat，B、D 参与垂直方向的 border-image-repeat。

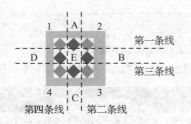

图 2-7-4　边框切割图

2.8　CSS3 动画功能

CSS3 新增了创建动画功能，这可以在许多网页中取代动画图片、Flash 动画及 JavaScript。创建动画也是 CSS3 中一个比较重大的改进，利用 CSS3 创建的动画效果，可以很方便地实现页面交互的相关功能，接下来我们一起了解一下。

1．transition 的基本使用方法

【技能目标】掌握 transition 属性的使用方法。初步理解该属性的功能，并能结合需求使用该属性。

【语法格式】

```
transition: property | duration | timing-function | delay
```

【格式说明】transition 属性可以设置页面元素实现动画效果。property 表示对哪个属性进行平滑过渡；duration 表示在多长时间内完成属性值的平滑过渡；timing-function 表示通过什么方法来进行平滑过渡；delay 定义过渡动画延迟的时间。

【案例演示】需求：选中页面中的 div，设置鼠标悬停的动画效果，过渡 background 属性。根据上述功能，新建名称为 h2_8_1.html 的文件，在页面中加入如清单 2-8-1 所示的代码。

清单 2-8-1　页面文件 h2_8_1.html 的源文件

```
<!DOCTYPE html>
<html lang="en">
<head>
    <meta charset="UTF-8">
    <style>
        div
        {
            width:100px;
            height:100px;
            background:blue;
            transition:background 2s;
            float:left;
        }
        div:hover
        {
            background:yellow;
        }
    </style>
</head>
<body>
    <div></div> <div></div>
```

```
    </body>
    </html>
```

页面文件 h2_8_1.html 在 Chrome 浏览器中执行后，显示的效果如图 2-8-1 所示。

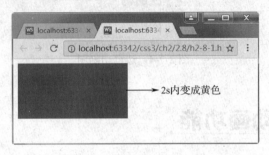

图 2-8-1　页面文件 h2_8_1.html 在浏览器中执行的效果

【案例实践】新建页面，用 transition 属性规定元素动画效果，实现背景颜色渐变。

【扩展知识】对于动画效果有四个参数，具体而言，property 规定哪些属性获得过渡效果，duration 规定完成过渡效果需要花费的时间，timing-function 规定以什么样的速度开始至结束的过渡效果，delay 规定过渡效果的开始时间延时多久。

2．transition 过渡多个属性的方法

【技能目标】理解 transition 多个属性特性，掌握 transition 多个属性的使用方法。通过 transition 的多个属性能够实现页面中元素的过渡效果。

【语法格式】

```
    transition: property | duration  | timing-function | delay, property |
    duration  | timing-function | delay,...
```

【格式说明】在上面学习的基础上，如果想要用 transition 过渡多个属性，只需使用逗号分割。

【案例演示】需求：选中页面中的 div；设置鼠标悬停的动画效果，过渡多个属性。根据上述功能，新建一个名称为 h2_8_2.html 的文件，在页面中加入如清单 2-8-2 所示的代码。

清单 2-8-2　页面文件 h2_8_2.html 的源文件

```
    <!DOCTYPE html>
    <html lang="en">
    <head>
        <meta charset="UTF-8">
        <style>
            div
            {
                background-color:#ffff00;
                color:#000000;
                width:300px;
                transition: background-color 1s linear,
                        color 1s linear,
                        width 1s linear;
            }
            div:hover
            {
                background-color: #003366;
                color: #ffffff;
```

```
            width:400px;
        }
    </style>
</head>
<body>
    <div>transitions 平滑过渡多个属性值</div>
</body>
</html>
```

页面文件 h2_8_2.html 在 Chrome 浏览器中执行后，显示的效果如图 2-8-2 所示。

transition平滑过渡多个属性值　　　transition-平滑过渡多个属性值

图 2-8-2　页面文件 h2_8_2.html 在浏览器中执行的效果

【案例实践】新建一个页面，添加一个块元素，使用 transition 属性实现元素多个属性的渐变效果。

【扩展知识】需要明确的是，渐变效果一般和鼠标事件合用来实现。案例中所用的都是鼠标悬停事件，触发页面元素渐变效果。

3．淡入、淡出效果实现的过程

【技能目标】理解淡入、淡出效果实现的过程，掌握淡入、淡出效果的使用方法。通过淡入、淡出效果增强页面元素的动态交互感。

【语法格式】

```
@keyframes animationname {0% { opacity: 0; }  100% { opacity: 1;}}
```

【格式说明】@keyframes animationname 用于定义一个动画。opacity 属性设置元素的不透明级别，规定不透明度，从 0.0（完全透明）到 1.0（完全不透明）。淡入的效果就是从 0 到 1，所以淡出的效果显然就是从 1 到 0。

【案例演示】需求：选中页面中的 div，用@keyframes 定义淡入动画效果。根据上述功能，新建一个名称为 h2_8_3.html 的文件，在页面中加入如清单 2-8-3 所示的代码。

清单 2-8-3　页面文件 h2_8_3.html 的源文件

```
<!DOCTYPE html>
<html lang="en">
<head>
    <meta charset="UTF-8">
    <style>
        @keyframes fadein{
            0%{opacity: 0;}
            100%{opacity: 1;}
        }
        div
        {
            animation:fadein 5s linear 1;
        }
    </style>
</head>
<body>
    <div>淡入效果</div>
</body>
</html>
```

页面文件 h2_8_3.html 在 Chrome 浏览器中执行后，显示的效果如图 2-8-3 所示。

图 2-8-3　页面文件 h2_8_3.html 在浏览器中执行的效果

【案例实践】新建一个页面，用@keyframes、animation、opacity 三个属性配合实现淡入效果。

【扩展知识】淡入效果的原理是首先让页面元素透明，然后在一段时间内使页面元素匀速不透明直到完全显示出来。淡出效果则相反。

更多相关的内容，请扫描二维码，通过微课程详细了解。

2.9　CSS3 浮动与定位

CSS 有三种基本定位机制：文档流、浮动、定位。文档流就是按照元素在文档中的先后次序依次显示；浮动会导致元素脱离文档流，把不用的空间让出来；定位分为相对定位、绝对定位和固定定位。在接下来的章节中，重点探讨一下浮动和定位。

1. 浮动

【技能目标】掌握浮动的概念。初步理解浮动的功能、原理和使用方法，并能结合需求使用浮动，完成页面布局。

【语法格式】

```
float: none|left|right|inherit
```

【格式说明】float 属性用于设置元素浮动。none 是默认值，元素不浮动，并会显示其在文本中出现的位置；left 表示元素向左浮动；right 表示元素向右浮动；inherit 规定应该从父元素继承 float 属性的值。

【案例演示】需求：选中页面中的 div，用 float 属性设置左浮动效果。根据上述功能，新建名称为 h2_9_1.html 的文件，在页面中加入如清单 2-9-1 所示的代码。

清单 2-9-1　页面文件 h2_9_1.html 的源文件

```
<!DOCTYPE html>
<html lang="en">
<head>
    <meta charset="UTF-8">
    <style type="text/css">
        div
        {
            width:100px;
```

```
            height:100px;
            float:left;
            background-color:blue;
        }
    </style>
</head>
<body>
    <div>块级元素，标准文档流占一行，浮动后变成行级元素</div>
    <div style="background-color:red;">块级元素，标准文档流占一行</div>
</body>
</html>
```

页面文件 h2_9_1.html 在 Chrome 浏览器中执行后，显示的效果如图 2-9-1 所示。

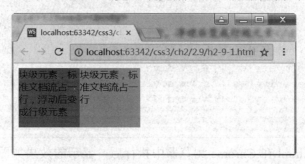

图 2-9-1　页面文件 h2_9_1.html 在浏览器中执行的效果

【案例实践】新建页面，用 float 属性设定页面 div 左浮动，该 div 让出右侧空间，可以容纳其他元素。

【扩展知识】浮动（float）分为左浮动和右浮动，会导致元素脱离文档流，但还在文档或容器中占据位置，把文档流和其他 float 元素向左或向右挤。它主要用于设置块级类型元素，放弃占据一块的特权，转而把不用的空间让出来，供其他元素分享。

2．相对定位

【技能目标】掌握相对定位的概念。初步理解相对定位的功能、原理和使用方法，并能结合需求使用相对定位完成页面布局。

【语法格式】

```
position : relative;top:xxx;right:xxx;bottom:xxx;left:xxx
```

【格式说明】position 属性用于设定该元素的位置。relative 生成相对定位的元素，相对于其正常位置进行定位；top、right、bottom、left 是设定新位置距离原来位置的长度。

【案例演示】需求：选中页面中的某个 div，用相对定位设置其位置。根据上述功能，新建一个名称为 h2_9_2.html 的文件，在页面中加入如清单 2-9-2 所示的代码。

清单 2-9-2　页面文件 h2_9_2.html 的源文件

```
<!DOCTYPE html>
<html lang="en">
<head>
    <meta charset="UTF-8">
    <style>
        .mystyle
```

```
        {
            width:100px;
            height: 100px;
            background-color: gray;
            border: 1px solid red;
            float: left;
            margin-left:10px;
        }
        #relative{
            position: relative; /*这里使用了相对定位，left 是在原来的位置向左移动多
少*/
            left: 40px;/*距离原来的左边距 40px*/
            top: 50px;/*距离原来的上边距 50px*/
        }
    </style>
</head>
<body>
    <div class="mystyle">内容一</div>
    <div id="relative" class="mystyle">内容二</div>
    <div class="mystyle">内容三</div>
</body>
</html>
```

页面文件 h2_9_2.html 在 Chrome 浏览器中执行后，显示的效果如图 2-9-2 所示。

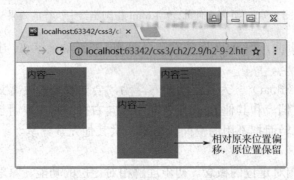

图 2-9-2　页面文件 h2_9_2.html 在浏览器中执行的效果

【案例实践】新建一个页面，用相对定位实现页面元素偏移原来位置。偏移量为距离上边
60px。

【扩展知识】需要注意的一点是，相对定位的元素对于正常流中的默认位置偏移了，但是
其后面的元素不会顶替它的位置。

3. 绝对定位

【技能目标】掌握绝对定位的概念。初步理解绝对定位的功能、原理和使用方法，并能结
合需求使用绝对定位完成页面布局。

【语法格式】

```
position: absolute;top:xxx;right:xxx;bottom:xxx;left:xxx
```

【格式说明】position 属性用于设定元素的位置。absolute 生成绝对定位的元素，相对于
static 定位以外的第一个父元素进行定位；top、right、bottom、left 用于设定新位置距父级元
素位置的长度。

【案例演示】需求：选中页面中的某个 div，用绝对定位设置其位置。根据上述功能，新建一个名称为 h2_9_3.html 的文件，在页面中加入如清单 2-9-3 所示的代码。

清单 2-9-3　页面文件 h2_9_3.html 的源文件

```
<!DOCTYPE html>
<html lang="en">
<head>
    <meta charset="UTF-8">
    <style>
    .mystyle
    {
        width:100px;
        height: 100px;
        background-color: gray;
        border: 1px solid red;
        float: left;
        margin-left:10px;
    }
    #relative{
        position: absolute;
        left: 40px;/*距离 body 左边距 40px*/
        top: 50px;/*距离 body 上边距 50px*/
    }
    </style>
</head>
<body>
    <div class="mystyle">内容一</div>
    <div id="relative" class="mystyle">内容二</div>
    <div class="mystyle">内容三</div>
</body>
</html>
```

页面文件 h2_9_3.html 在 Chrome 浏览器中执行后，显示的效果如图 2-9-3 所示。

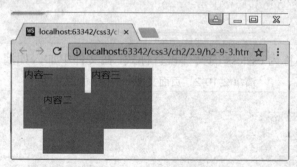

图 2-9-3　页面文件 h2_9_3.html 在浏览器中执行的效果

【案例实践】新建一个页面，用绝对定位实现页面元素偏移。偏移量为距离上边 60px。

【扩展知识】需要注意的一点是，生成绝对定位的元素，相对于最近的非标准流定位，如果最近都是标准流，就相对 body 元素定位。定位后，其后面的元素会顶替它原来的位置。

更多相关的内容，请扫描下列二维码，通过微课程详细了解。

2.10 企业官网首页

CSS 是 Web 前端开发中用来表现 HTML 页面样式的计算机语言。CSS 能够对网页中元素位置的排版进行像素级精确控制。这一节我们将要使用 HTML 和 CSS 制作一个漂亮的企业官网首页，接下来就详细介绍这个项目。

【任务描述】通过使用本节学习的 CSS 样式及其属性来模仿华为商城的首页面，主要内容包括头部 logo、一级菜单导航及中间 banner 区域。

【页面结构】根据上述功能，新建一个名称为 index.html 的文件，在页面中加入如清单 2-10-1 所示的代码。

清单 2-10-1　页面文件 index.html 的源文件

```html
<div>
    <div class="header">
        <div class="logo">
            <img src="images/logo.png">
        </div>
    </div>
    <div class="nav">
        <ul>
            <li>
                <a href="#">首页</a>
            </li>
            ...
        </ul>
    </div>
    <div class="banner">
        <img src="images/banner.png"
        width="1000px" height="400px">
    </div>
</div>
```

另外，新建一个名称为 css.css 的文件设置样式，在文件中加入如清单 2-10-2 所示的代码。

清单 2-10-2　页面文件 css.css 的源文件

```css
*{
    font-size: 12px;
    font-family: "宋体";
    padding: 0;
    margin: 0;
}
a{
    text-decoration: none;
}
ul{
    list-style: none;
}
.header{
    width: 980px;
    height: 62px;
    margin: 0 auto;
    overflow: hidden;
}
```

```
.logo{
    height:39px;
    width: 179px;
    margin-top: 20px;
    float: left;
}
.nav{
    height: 55px;
    border-top: 1px solid #E1E1E1;
    background: url("images/nav_bg.png");
}
.nav ul{
    margin-left: 185px;
}
.nav li{
    float: left;
    height: 55px;
    line-height: 55px;
}
.nav a{
    height:55px;
    display: inline-block;
    padding: 0 46px;
    color: black;
    font-weight: 700;
}
.nav a:hover{
    color: #7CB609;
}
.banner{
    width: 980px;
    height: 597px;
    margin: 0 auto;
}
```

【页面布局】页面文件 index.html 在 Chrome 浏览器中执行后，显示的效果如图 2-10-1 所示。

图 2-10-1　页面文件 index.html 在浏览器中执行的效果

【源码分析】代码中通过使用样式的浮动属性完成头部导航的效果，通过 margin 来设置 banner 的位置。同样，我们也可以使用本章学习的绝对定位实现以上功能。

第 **3** 章

JavaScript 基本语法

本章学习目标：
◆ 了解 JS 的发展历史和使用场景。
◆ 理解 JS 开发与调试的方法。
◆ 掌握 JS 的基本语法规则。
◆ 掌握 JS 函数的定义与参数调用。

3.1 JS 的发展历史、使用场景

学过 Java 的同学一定了解，Java 是一种面向对象特性的静态类型编程语言。而 JavaScript 与 Java 并无直接关系，它是一门动态、弱类型的编程语言。

1. JavaScript 的起源

1994 年，Navigator 浏览器在网景公司（Netscape）诞生了，这是一款比较成熟的网络浏览器。可惜那时的浏览器不像现在的浏览器有着丰富的效果及功能，而是只能做一些浏览工作，不能与操作者互动。

（1）Netscape 的觉醒。Netscape 意识到，自己的浏览器急需一款网页脚本语言，用于操作者与浏览器进行交互。但当时使用哪种语言是个考验 Netscape 决策层的难题，他们有两种方案：一种是选择现有的语言，如 Python、Perl 等；另一种是自己编写一套全新的语言。

恰逢此时，Sun 公司将自己的 Oak 语言更名为了"Java"，并对外宣称是"一次编写，到处运行"的语言。这个口号让 Netscape 看到了希望，并试着将希望寄托于 Sun 公司。当时 Netscape 浏览器允许 Java 程序以"Applet"（小程序）的形式直接运行在浏览器中，甚至还考虑将 Java 直接作为脚本语言，镶嵌在网页中。

（2）Netscape 的改变。不久 Netscape 意识到，这样的做法只能让自己的网页变得更臃肿，拖累网页加载速度，所以不得不放弃这个想法。Netscape 做出大胆的决定，自己设计出一套全新的通用语言，这个语言需要"看上去像 Java，但比 Java 简单"，是借鉴 C、Java 语言的数据类型和内存管理机制，借鉴 Scheme 语言、Self 语言等优点的一种具有函数式、面向对象的语言。

这种新型语言的诞生，有丰富的逻辑性、强悍的健壮性，很受当时开发者的喜爱。Netscape 决定将其命名为"JavaScript"，因为当时 Java 名声大噪，Netscape 也想借助这股东风，为自己埋下成功的伏笔。

2．JavaScript 的特点

JavaScript 的诞生弥补了 HTML 的不便性，也舍弃掉 Java 的臃肿性，是一种中间态的脚本语言。其特性如下：

（1）面向对象。JavaScript 吸取了 Java 和其他优秀编程语言的特性，运用 JavaScript 创建对象，能与其他脚本语言进行互补。

（2）动态执行语言。JavaScript 是一种脚本语言，并且不需要像 C、C++、Java 等语言那样需要先编译再运行。JavaScript 是一种动态语言，可以在程序运行时逐行解释并运行。

（3）具有"事件驱动"机制。"事件驱动"机制具有如下元素：事件源、事件、事件对象、事件处理程序。

（4）JavaScript 具有跨平台性。JavaScript 代码能在不同的平台之间进行跨越，如在 Linux、Windows 下都能执行 JavaScript。

（5）JavaScript 有很高的安全性。对本地硬盘的访问是相对比较危险的，JavaScript 不允许开发者对本地硬盘的读/写访问，也不允许对网络信息进行增添、修改，它的出现只负责信息的浏览及对操作者产生交互，从而保证信息的安全性。

3．JavaScript 的编写工具

从最简单的记事本工具，到高级的集成开发环境，有很多的编写工具可供开发者选择。下面列举出几种编写工具：

（1）vi 命令，显示效果如图 3-1-1 所示。

（2）记事本，显示效果如图 3-1-2 所示。

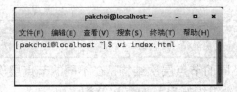

图 3-1-1　终端 vi 命令操作

图 3-1-2　Windows 系统自带记事本工具

（3）Sublime，显示效果如图 3-1-3 所示。

（4）Atom，显示效果如图 3-1-4 所示。

图 3-1-3　Sublime 编辑器

图 3-1-4　Atom 编辑器

（5）Dreamweaver，显示效果如图 3-1-5 所示。

（6）Eclipse，显示效果如图 3-1-6 所示。

图 3-1-5　Dreamweaver 集成开发环境

图 3-1-6　Eclipse 集成开发环境

（7）InteliJ IDEA，显示效果如图 3-1-7 所示。

（8）WebStorm，显示效果如图 3-1-8 所示。

图 3-1-7　InteliJ IDEA 集成开发环境

图 3-1-8　WebStorm 集成开发环境

还有很多编写工具，这里不再一一列举。其实没有最好的编写工具，只需根据实际情况，选择适合自己、使用方便的工具来编写就可以了。

3.2　JavaScript 内部模型结构层次

JavaScript 内部模型又称为 DOM，它可以将任何的 HTML 页面信息描绘成多层结构层次，每个节点拥有自己的数据、方法等；节点与节点之间构成层次，组成一个有条理的页面结构。

1. 节点层次结构

【技能目标】掌握节点层次结构的定义，了解如何运用节点结构，获得不同层次代码的标签，使代码更有逻辑性、层次性。

【语法格式】

```
<div></div>
<p></p>
```

【格式说明】上述格式中，不同的标签代表不同的节点层次结构，在不同的节点层次结构中，可以放置不同内容。开发者可根据具体需求，组织好自己的层次结构。

节点类型有很多，常用节点种类如下：

（1）元素节点：如"<p>"、"<div>"等。

（2）属性节点：元素节点的属性，如"class"、"id"等。

不同的页面内容，有着不同的节点层次结构。

【案例演示】需求：展示标准的页面结构。根据上述功能，新建一个名称为 h3_2_1.html 的文件，在页面中加入如清单 3-2-1 所示的代码。

清单 3-2-1　页面文件 h3_2_1.html 的源文件

```
<!DOCTYPE html>
<html>
<title>DOM</title>
<head>
    <meta charset="UTF-8">
    <title>Title</title>
</head>
<body>
<div>
    <h1>下面是 view1 区域</h1>
```

```
    <div>view 1</div>
    <ul>
        <li>DOM</li>
        <li>JavaScript</li>
    </ul>
    <a href="http://www.baidu.com">百度主页</a>
</div>
</body>
</html>
```

页面文件 h3_2_1.html 代码所对应的节点层次结构如图 3-2-1 所示。

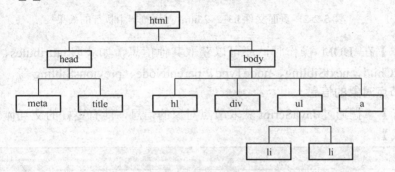

图 3-2-1 代码对应的节点层次结构

【案例实践】新建一个页面，要求定义一个 h1 标签，在下面再定义一个 div 标签，包含 a 标签及 div 标签、h2 标签。在外侧 h1 标签，文字为 "Hello,JavaScript!"。

【扩展知识】在节点层次结构内还有其他种类的节点，内容如下：

（1）文本节点：元素节点或属性节点中的文字。

（2）注释节点：用于文档注释，如 "<!-- 这是内容 -->"。

（3）文档节点：用于表示整个文档，如 document，是 DOM 树结构的根节点。

2．获取节点对象

【技能目标】掌握获取节点对象的方法，了解节点对象的用途。

【语法格式】

```
nodeObject.nodeName
```

【格式说明】上述代码的 "nodeObject" 即为 DOM 的节点对象。

【案例演示】需求：获取 id= "view" 的<div>标签节点名称。根据上述功能，新建一个名称为 h3_2_2.html 的文件，在页面中加入如清单 3-2-2 所示的代码。

清单 3-2-2 页面文件 h3_2_2.html 的源文件

```
<div id="view"></div>
<script type="text/javascript">
    alert(document.getElementById("view").nodeName);
</script>
```

页面文件 h3_2_2.html 在 Chrome 浏览器中执行后，显示的效果如图 3-2-2 所示。

【案例实践】在页面内，定义一个 div，id 为 "myView"，要求用对话框的形式打印出 "myView" 的 nodeName 属性值，在屏幕上展现出来。

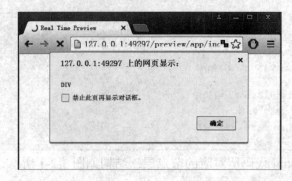

图 3-2-2　页面文件 h3_2_2.html 在浏览器中执行的效果

【扩展知识】在 DOM 操作时，还可以获取其他信息，如获取 attributes、childNodes、firstChild、lastChild、nextSibling、nodeType、parentNode、previousSibling 等。

3．获取节点对象的信息

【技能目标】掌握通过 JavaScript 获取节点对象的信息，能有更好的交互体验效果。

【语法格式】

```
this.nodeName
```

【格式说明】获取节点对象的信息，可以通过符号"．"来进行调用。

【案例演示】需求：获取节点对象的信息。根据上述功能，新建一个名称为 h3_2_3.html 的文件，在页面中加入如清单 3-2-3 所示的代码。

清单 3-2-3　页面文件 h3_2_3.html 的源文件

```
//省略头部元素
<button id="view">点击显示节点名称</button>
<script type="text/javascript">
    document.getElementById("view").onclick = function () {
        var divName = this.nodeName;
        var documentName = document.nodeName
        alert(
            "<button>元素的节点名称是：" + divName + "\n" +
            "Document 的节点名称是：" + documentName
        );
    }
</script>
```

页面文件 h3_2_3.html 在 Chrome 浏览器中执行后，显示的效果如图 3-2-3 所示。

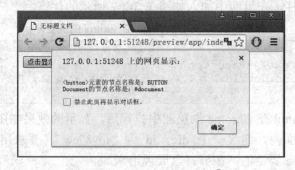

图 3-2-3　页面文件 h3_2_3.html 在浏览器中执行的效果

【案例实践】新建一个页面，在页面内定义一个标签 div，编写 JavaScript 代码，要求用对话框的形式打印出 div 标签的 nodename 属性值。

【扩展知识】在获取节点对象信息时，还可以获取其他节点对象的信息，如获取 appendChild()、cloneNode()、hasChildNode()、insertBefore()、removeChild()、replaceChild() 等。

3.3　开发及调试方法

在编写代码之余，代码本身难免会出现一些 Bug。在早期进行 JavaScript 开发时，因为 JavaScript 本身是一种动态语言，所以调试工作成了一项非常大的难题。而现阶段的大部分 Web 浏览器均已具备一部分的调试 JavaScript 的能力，这也有助于开发人员快速排错。

1．浏览器中的断点调试方式

【技能目标】掌握在浏览器内使用断点调试的方法，了解断点调试的技巧。

【语法格式】在将要调试的行数处，单击添加断点。

【格式说明】在浏览器的调试面板内，会看到很多自己写的 JavaScript 代码。开发者可以根据实际情况，定位到将要调试的行数，然后在行数前面的数字处单击鼠标左键，即可添加断点。

【案例演示】需求：在浏览器的控制面板内，对 JavaScript 代码添加断点。根据上述功能，新建一个名称为 h3_3_1.html 的文件，在页面中加入如清单 3-3-1 所示的代码。

清单 3-3-1　页面文件 h3_3_1.html 的源文件

```
<script type="text/javascript">
    var name = "张三";
    var age = 12;
    var height = 179.2;
</script>
```

然后在代码文件上右击，在弹出的快捷菜单中选择"在浏览器中打开"，在此基础上选择 "Google Chrome"浏览器运行，操作如图 3-3-1 所示。

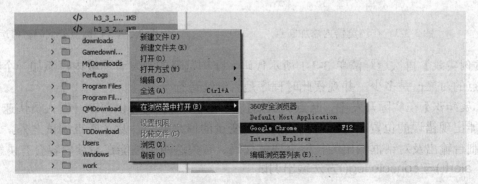

图 3-3-1　选择浏览器运行 JavaScript 代码

单击浏览器右上角的多功能键，选择"更多工具"→"开发者工具"，如图 3-3-2 所示。

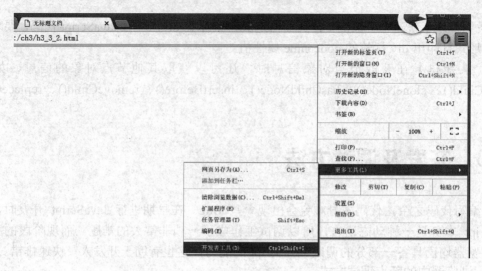

图 3-3-2　调用"开发者工具"

打开开发者工具栏，选择"Sources"标签，在左侧文件资源内选择相应的查看文件，就能在内容中看到刚刚写过的 JavaScript 代码了；在将要添加断点的行数旁边单击数字，即可添加当前行的断点，如图 3-3-3 所示。

再次刷新页面，程序即可在断点处暂停运行，如图 3-3-4 所示。

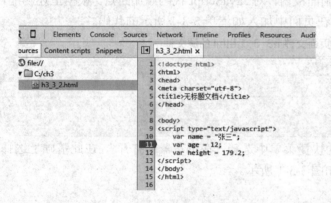

图 3-3-3　在浏览器内添加断点

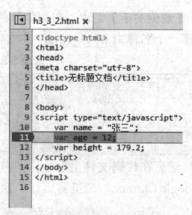

图 3-3-4　在断点处代码暂停运行

【案例实践】再次运行清单 3-3-1 所示代码，在浏览器的开发者面板内再添加一个断点，观察断点的对象值是多少，并观察此时程序是否继续运行下去。

【扩展知识】在实际开发中，断点调试的技能尤为重要。它可以帮助开发人员快速定位到代码可能出现错误的位置，分部看到不同阶段变量的值是多少。除了断点调试之外，还可以通过控制台输出及对话框输出的技能来调试代码。有关这两个技能在后续内容会有讲解。

2．alert()与 console.log()方法输出调试

【技能目标】掌握 alert()与 console.log()方法的输出调试技巧，了解除了断点调试方式外，运用其他的技巧来调试的方式。

【语法格式】

```
console.log();
alert("");
```

【格式说明】JavaScript 可以通过内置的 console.log()方法和 alert()方法达到输出内容的目的。

【案例演示】需求：用 alert()方法进行程序调试。根据上述功能，新建一个名称为 h3_3_2.html 的文件，在页面中加入如清单 3-3-2 所示的代码。

清单 3-3-2　页面文件 h3_3_2.html 的源文件

```
<script type="text/javascript">
    alert("Hello JavaScript! ");
</script>
```

页面文件 h3_3_2.html 在 Chrome 浏览器中执行后，显示的效果如图 3-3-5 所示。

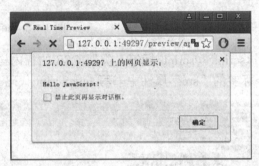

图 3-3-5　页面文件 h3_3_2.html 在浏览器中执行的效果

【案例实践】新建一个页面，要求在对话框内能输出：My name is JavaScript。

【扩展知识】除了 alert()输出方式外，还可以替换成 console.log()输出方式：

```
<script type="text/javascript">
    console.log("Hello JavaScript! ");
</script>
```

在真正进行开发工作时，控制台输出实际在代码测试阶段或编写阶段用处较多。因为当产品真正上线时，一些重要的数据不希望输出在控制面板上被其他人看见，所以在上线时，应去掉控制面板的输出，减少关键数据的泄露。

3.4　JavaScript 代码编写、加载及调用

JavaScript 是一门为网站添加交互功能的脚本编程语言。HTML 中的脚本必须位于<script>与</script>标签之间。脚本可被放置在 HTML 页面的<body>和<head>部分中。本节将介绍脚本代码编写、加载及调用。

1. JavaScript 代码加入页面的几种方式

JavaScript 和 CSS 类似，需要引入 HTML 中才可以使用。在 HTML 页面中插入 JavaScript 代码需要使用<script>标签。<script>和</script>会告诉 JavaScript 在何处开始和结束。一般在 HTML 页面中使用 JavaScript 代码有三种方式：

（1）在 HTML 中使用<script></script>标签，在<script></script>标签之间写入 JavaScript 代码，如变量的声明、函数的定义等。具体如图 3-4-1 所示。

（2）在 HTML 中使用<script></script>标签，外部新建扩展名为.js 的文件，引入外部文件时需在<script>标签的"src"属性中设置该.js 文件。具体如图 3-4-2 所示。

 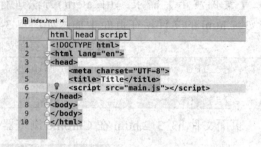

图 3-4-1　html 程序结构（1）　　　　　　　　图 3-4-2　html 程序结构（2）

（3）在 HTML 中使用<script></script>标签，类似 CSS 的行内样式，JavaScript 代码也能在行内书写。即在<script>标签的"src"属性中书写 JavaScript 代码。具体如图 3-4-3 所示。

```
📄 index.html ×
     html  body  input
1    <!DOCTYPE html>
2    <html lang="en">
3    <head>
4        <meta charset="UTF-8">
5        <title>Title</title>
6    </head>
7    <body>
8    <input type="button" value="按钮" onclick="alert()">
9    </body>
10   </html>
```

图 3-4-3　html 程序结构（3）

2．页面加载事件的编写

【技能目标】<script>标签的位置不同，执行的先后顺序也不同。onload 事件会在页面或图像加载完成后立即发生。通过使用页面加载事件保证脚本代码的执行。

【语法格式】

```
window.onload = function () {
    //...
}
```

【格式说明】首先给 window 对象添加 onload 事件（固定写法，后续会详细学习），定义一个匿名函数，页面相关的 JavaScript 代码都放在匿名函数内部。

【案例演示】需求：在<head>内部引入 JavaScript 代码，为界面中某个按钮添加点击事件，验证事件是否触发。新建一个名称为 h3_4_1.html 的文件，在页面中加入如清单 3-4-1 所示的代码。

清单 3-4-1　页面文件 h3_4_1.html 的源文件

```
<!DOCTYPE html>
<html lang="en">
<head>
    <meta charset="UTF-8">
    <title>Title</title>
    <script>
```

```
        window.onload = function () {
            var btn = document.getElementById('btn');
            btn.onclick = function () {
                alert('被点击');
            }
        }
    </script>
</head>
<body>
<button id="btn">按钮</button>
</body>
</html>
```

页面文件 h3_4_1.html 在 Chrome 浏览器中执行后，显示的效果如图 3-4-4 所示。

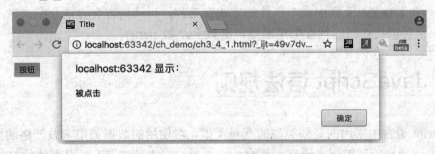

图 3-4-4　页面文件 h3_4_1.html 在浏览器中执行的效果

【案例实践】分别在<head>内部、<body>开始处、<body>结束处及<body>下面添加<script>标签，然后为界面中某个节点添加点击事件，对比效果。

【扩展知识】Chrome 浏览器可以调试 JavaScript 代码，详细使用打开控制台，查看 Sources 选项。

3．自定义函数的方式

【技能目标】<script>标签内自定义函数，可以响应任意一个节点的事件触发。

【语法格式】

```
<tag onclick="fn()"></tag>
```

【格式说明】在标签中添加 onclick 属性，属性值写在引号内，其属性值为<script>标签内自定义的函数。这种语法完成了一个事件的绑定。

【案例演示】需求：设置<button>节点，并为其添加点击事件。根据上述功能，新建一个名称为 h3_4_2.html 的文件，在页面中加入如清单 3-4-2 所示的代码。

清单 3-4-2　页面文件 h3_4_2.html 的源文件

```
<body>
<button onclick="myClick()">点击</button>
<script>
    function myClick() {
        alert('被点击')
    }
</script>
</body>
```

页面文件 h3_4_2.html 在 Chrome 浏览器中执行后，显示的效果如图 3-4-5 所示。

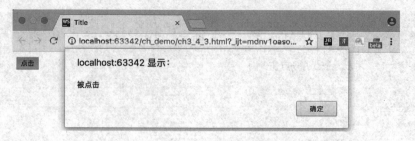

图 3-4-5　页面文件 h3_4_2.html 在浏览器中执行的效果

【案例实践】了解其他事件，设置<button>节点，并为其添加双击事件。演示按钮的双击效果。

【扩展知识】DOM 元素中绑定事件的方式有三种，后续内容会详细介绍。除了自定义函数方式外，也可以把按钮的触发绑定在原声函数上，如 alert()。

3.5　JavaScript 语法规则

JavaScript 语言中采用的是弱类型的变量类型，对使用的数据类型未做严格的要求，是基于 Java 基本语句和控制的脚本语言，其设计简单紧凑。本节主要介绍其基本语法规范。

1. 大小写敏感

【技能目标】JavaScript 语法中使用 var 关键字声明的变量名大小写敏感，比如 person 和 Person 是两个完全不同的变量。

【语法格式】

```
var a = 10;
var A = 20;
```

【格式说明】通过 var 关键字声明两个变量，由于 JavaScript 中变量名区分大小写，所以这两个变量是完全不同的两个变量，可以存储不同的值。

【案例演示】需求：声明两个变量，变量名为同一个单词，其中一个为大写格式，验证其值是否不同。根据上述功能，新建一个名称为 h3_5_1.html 的文件，在页面中加入如清单 3-5-1 所示的代码。

清单 3-5-1　页面文件 h3_5_1.html 的源文件

```
<body>
    <script>
        var age = 12;
        var AGE = 18;
        function fn1() {
            alert('age:'+age);
        }
        function fn2() {
            alert('AGE:'+AGE);
        }
    </script>
    <button onclick="fn1()">弹出 age</button>
    <button onclick="fn2()">弹出 AGE</button>
</body>
```

页面文件 h3_5_1.html 在 Chrome 浏览器中执行后,显示的效果如图 3-5-1 和图 3-5-2 所示。

图 3-5-1　页面文件 h3_5_1.html 在浏览器中执行的效果(1)

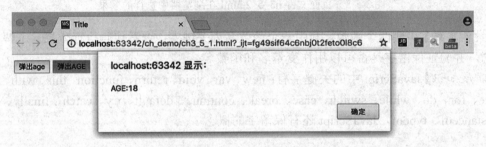

图 3-5-2　页面文件 h3_5_1.html 在浏览器中执行的效果(2)

【案例实践】在脚本代码中尝试一个单词首字符为大写和小写两种情况下的效果。

【扩展知识】所有变量均区分大小写,包括普通变量及函数名。一定要注意,即使某些开发语言大小写不敏感,但在编程过程中能坚持"大小写敏感"也是良好的编程习惯。

2. 屏蔽关键字

【技能目标】JavaScript 语言中用于程序控制或执行特定操作的英语单词称作关键字。关键字是 JavaScript 引擎会用到的一些字,标识符不能再使用,如变量的关键字 var。

【语法格式】

```
var a = 10;
var if = 100;
```

【格式说明】通过 var 关键字声明两个变量,第二个变量名为 if,是关键字。由于在 JavaScript 中变量的名称不能使用关键字,所以第二个变量的声明是错误的。

【案例演示】需求:声明两个变量,其中一个变量名为关键字,查看代码执行效果。新建一个名称为 h3_5_2.html 的文件,在页面中加入如清单 3-5-2 所示的代码。

清单 3-5-2　页面文件 h3_5_2.html 的源文件

```
<body>
<script>
    var a = 10;
    var else = 20;
</script>
</body>
```

页面文件 h3_5_2.html 在 Chrome 浏览器中执行后,显示的效果如图 3-5-3 所示。

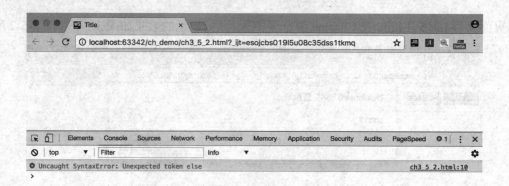

图 3-5-3　页面文件 h3_5_2.html 在浏览器中执行的效果

【案例实践】声明两个函数，其中一个函数名为关键字，查看代码执行效果。了解保留字的概念，并验证保留字是否可以用作变量名和函数名。

【扩展知识】JavaScript 中的关键字有：new、var、void、return、function、this、with、delete、if、else、for、do、while、switch、case、break、continue、default、try、catch、finally、throw、in、instanceof、typeof。JavaScript 还有保留字的概念。

3.6　标识符、变量声明

想要进行信息存储、数据交换，离不开标识符和变量声明。JavaScript 依靠这些规定好的规则，实现对信息的处理、交换等功能。

1. 定义变量

【技能目标】掌握变量是如何定义的，了解变量在使用时的方式。

【语法格式】

```
var name = "张三";
```

【格式说明】用 var 声明一个值为"张三"的 string 变量，赋值给变量 name。

【案例演示】需求：定义不同类型的 JavaScript 变量并将变量显示在弹出框中。根据上述功能，新建一个名称为 h3_6_1.html 的文件，在页面中加入如清单 3-6-1 所示的代码。

清单 3-6-1　页面文件 h3_6_1.html 的源文件

```
var name = "张三";
var age = 12;
age = 20;
alert("name: " + name + "\n" + "age: " + age);
```

页面文件 h3_6_1.html 在 Chrome 浏览器中执行后，显示的效果如图 3-6-1 所示。

我们会观察到，变量的值是可以被改变的，而且变量的类型由赋值的数据类型决定。

【案例实践】新建一个页面，要求定义变量 cat 的名字是"小花"，dog 的名字是"小旺"，用控制台输出的方式对两个变量值进行输出。

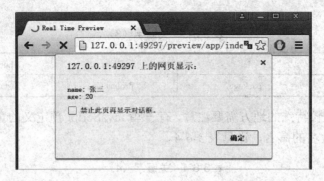

图 3-6-1　页面文件 h3_6_1.html 在浏览器中执行的效果

【扩展知识】用 JavaScript 定义变量时，同其他编程语言不同，可以不用声明变量的数据类型，var 可自动识别变量的数据类型。这样也会带来不便，使得开发者不容易识别出变量的具体类型，增加了调试代码的成本。

2. 关键字

关键字是系统已经预定义的特殊字符。在 JavaScript 中，不是所有的文字内容都可以作为标识符，有一些特定的文字是作为 JavaScript 的保留字的。开发者在进行开发时，应避免使用这些保留字作为标识符，详见表 3-6-1。

表 3-6-1　关键字（1）

break	delete	function	return	typeof
case	do	if	switch	var
catch	else	in	this	void
continue	false	instanceof	throw	while
debugger	finally	new	true	with
default	for	null	try	

在 ECMAScript3 标准中，将 Java 所有的关键字均作为自己的关键字。如果需要在 ECMAScript3 的解释器上运行，则应避免使用如表 3-6-2 所示的关键字。

表 3-6-2　关键字（2）

abstract	double	goto	native	static
boolean	enum	implements	package	super
byte	export	import	private	synchronized
char	extends	int	protected	throws
class	final	interface	public	transient
const	float	long	short	volatile

有一些特殊关键字，在普通模式的 JavaScript 代码中是允许的，但在严格模式的 JavaScript 代码中是不允许的，详见表 3-6-3。

表 3-6-3　关键字（3）

implements	let	private	public	yield
interface	package	protected	static	

此外，有一个比较特殊的地方需要注意，有一些 JavaScript 预定义的全局变量或函数也不能作为变量名或函数名的命名，详见表 3-6-4。

表 3-6-4　关键字（4）

arguments	encodeURI	Infinity	Number	RegExp
Array	encodeURIComponent	isFinite	Object	String
Boolean	Error	isNaN	parseFloat	SyntaxError
Date	eval	JSON	parseInt	TypeError
decodeURI	EvalError	Math	RangeError	undefined
decodeURIComponent	Function	NaN	ReferenceError	URIError

3.7　数据类型

数据需要赋值给变量或常量，以便保存。但是数据有不同的类型，比如，保存一段歌词，是字符串型数据；保存一个人的年龄，是数字型数据；保存电门开关，可以是布尔型数据。数据类型的出现，可以帮助开发者分辨不同的数据内容。

1. 字符串型

【技能目标】掌握 JavaScript 中字符串型数据的定义，了解字符串型数据在 JavaScript 中的作用，学习如何自定义字符串型数据。

【语法格式】

```
var a= "abc";
```

【格式说明】上述格式的功能是：用 var 语句定义一个名称为 a 的变量，将字符串型数据 abc 赋值给 a。

【案例演示】需求：定义一段字符串型数据，将数据输出展示。根据上述功能，新建一个名称为 h3_7_1.html 的文件，在页面中加入如清单 3-7-1 所示的代码。

清单 3-7-1　页面文件 h3_7_1.html 的源文件

```
alert("Hello, JavaScript!");
```

页面文件 h3_7_1.html 在 Chrome 浏览器中执行后，显示的效果如图 3-7-1 所示。

【案例实践】新建一个页面，要求定义一个字符串型数据，内容为"我是张三，今年 12 岁"，并要求用控制台形式对字符串型数据进行输出。

【扩展知识】在 JavaScript 中，可以用字符串型数据表示一段文本。字符串内的每个元素占用不同的位置，第一个元素占用的下标索引是 0，第二个元素是 1。但与其他编程语言不同，JavaScript 的字符串是不可以更改的。

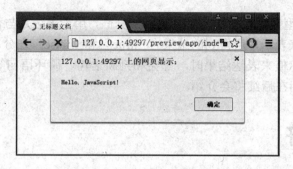

图 3-7-1　页面文件 h3_7_1.html 在浏览器中执行的效果

2. 布尔型

【技能目标】掌握 JavaScript 中布尔型数据的定义，了解布尔型数据的作用，学习布尔型数据的用途。

【语法格式】

```
a == b
```

【格式说明】对两个值进行比较，会返回是否相同或符合比较条件的结果值，这个值通常是布尔类型数据值，可以是 true 或 false。也可以声明 new Boolean(a)来定义一个布尔值。

【案例演示】需求：判断两个变量的值是否相等。根据上述功能，新建一个名为 h3_7_2.html 的文件，在页面中加入如清单 3-7-2 所示的代码。

清单 3-7-2　页面文件 h3_7_2.html 的源文件

```
var a = 3, b = 4;
if (a == b) {
    alert("a和b相等");
} else {
    alert("a和b不等");
}
```

页面文件 h3_7_2.html 在 Chrome 浏览器中执行后，显示的效果如图 3-7-2 所示。

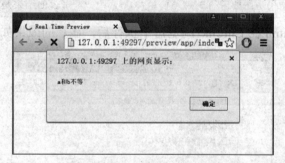

图 3-7-2　页面文件 h3_7_2.html 在浏览器中执行的效果

因为当 a 和 b 进行比较时，发现 a 和 b 的值不等，所以 if 判断得到的结果是"false"，会输出"a 和 b 不等"。

【案例实践】新建一个页面，要求赋值小明的年龄是 12 岁，小红的年龄是 22 岁，要求输出"小明的年龄大于小红的年龄"，后面加上两个年龄的对比结果。比较代码可参考清单 3-7-2 的内容。

【扩展知识】布尔型数据表示的是一个实物的真假，用于表达是与否的关系。与门的开关相似，可以用布尔值来表示，所得到的结果有"true"和"false"之分。

通常在需要用布尔值来表达结果时，都会和判断语句、循环语句等联合使用。有关判断语句和循环语句的使用在后续将会介绍。

3.8   操作符

在获得变量、常量后，有时还需要对数据进行运算、比较等一系列复杂的计算过程，这时就需要用到操作符。在使用操作符时，大多数使用"+"、"−"、"<"、"!"等类似的符号来进行运算判断等，但也不乏一些关键字的运算符，如"instanceof"、"delete"等。

这些关键字运算符在表达方式上与普通的符号运算符相比功能一致，语法也更简洁，这里需要格外注意，所有的运算符均要以半角形式展现。

1．算数运算符

【技能目标】掌握算术运算符的定义及使用方法，了解算数运算符在编程中的作用，学习如何灵活运用算数运算符。

【语法格式】

```
var a = 3, b = 4;
var c = a + b;
```

【格式说明】算数运算符可以对两个变量进行运算，也可以对两个值直接进行运算。a 与 b 的和可以用 a＋b 进行表示，得出的和值赋值给 c。

【案例演示】需求：正常地运用算数运算符。根据上述功能，新建一个名称为 h3_8_1.html 的文件，在页面中加入如清单 3-8-1 所示的代码。

清单 3-8-1   页面文件 h3_8_1.html 的源文件

```
var a = 5, b = 3;
alert("5 加 3 的结果是：" + (5 + 3) + "\n" + "5 模 3 的结果是：" + (5 % 3));
```

页面文件 h3_8_1.html 在 Chrome 浏览器中执行后，显示的效果如图 3-8-1 所示。

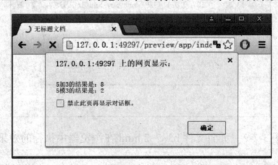

图 3-8-1   页面文件 h3_8_1.html 在浏览器中执行的效果

【案例实践】新建一个页面，声明变量赋值 a 为 10，b 为 8，要求计算 a－b 的结果，并且在控制台内展现计算的结果值。

【扩展知识】算数运算符"+"、"−"、"*"和我们平时使用的数学计算符很相似，但在计算机里，它们有"除法"和"取余（模）"之分，分别用符号"/"、"%"来代替。"/"代表的是除的结果取整的部分，"%"代表除后的值，再获取余的部分。这点和其他编程语言的算术运算符类似。

此外，有些不能将结果转换为数字的，计算结果也会显示，只是用"NaN"值来代替不正常的结果。

2. 比较运算符

【技能目标】掌握 JavaScript 比较运算符的定义及使用方法，了解比较运算符在 JavaScript 中的作用，学习比较运算符的使用场景。

【语法格式】

```
a == b
```

【格式说明】判断变量 a 与变量 b 的值是否相等。如果相等，返回的结果是 true；如果不相等，则返回的结果是 false。

【案例演示】需求：定义严格比较运算符。根据上述功能，新建一个名称为 h3_8_2.html 的文件，在页面中加入如清单 3-8-2 所示的代码。

清单 3-8-2　页面文件 h3_8_2.html 的源文件

```
var a = 3, b = 3, c = "3";
alert("a 和 b 对比: " + (a === b) + "\n" + "a 和 c 对比: " + (a === c));
```

页面文件 h3_8_2.html 在 Chrome 浏览器中执行后，显示的效果如图 3-8-2 所示。

图 3-8-2　页面文件 h3_8_2.html 在浏览器中执行的效果

【案例实践】新建一个页面，定义变量 a 和 b，a 赋值为 3，b 赋值为 5，对比变量 a 和变量 b，用对话框的形式输出对比的结果。

【扩展知识】在 JavaScript 中，比较运算符有两种方式：一种是严格比较运算符，另一种是转换类型比较运算符。严格比较运算符（===）有三个等号，当且仅当两个数的类型相同时才会比较相等，返回 true，否则返回 false；对于转换类型比较运算符（==、>=、<=、!=），需要先将两种数据类型转换成一致，再进行比较。

3. 赋值运算符

【技能目标】掌握赋值运算符的定义及使用方式，了解赋值运算符在 JavaScript 中的作用，学习使用赋值运算符的技巧。

【语法格式】

```
var a = 1;
```

【格式说明】用 var 定义一个变量 a，并且将值 1 赋值给变量 a。赋值运算符通过"="符号，将值赋给左面的变量或初始化常量。

【案例演示】需求：定义赋值运算符。根据上述功能，新建一个名称为 h3_8_3.html 的文件，在页面中加入如清单 3-8-3 所示的代码。

清单 3-8-3　页面文件 h3_8_3.html 的源文件

```
var a = 3;
alert("a 的值是：" + a);
```

页面文件 h3_8_3.html 在 Chrome 浏览器中执行后，显示的效果如图 3-8-3 所示。

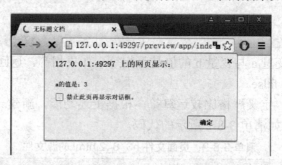

图 3-8-3　页面文件 h3_8_3.html 在浏览器中执行的效果

【案例实践】新建一个页面，命名变量 a 与 b，将 b 赋值为 10，用控制台的形式输出 b 的值；然后将 b 的值赋值给 a，再用控制台的形式输出 a 的值。

【扩展知识】赋值运算符也可以写成连续赋值运算。比如，var a = b = c = 1，此时值 1 赋值给变量 c，变量 c 的值赋值给变量 b，变量 b 的值赋值给变量 a，这样就可以实现连续赋值的效果。

4．逻辑运算符

【技能目标】掌握逻辑运算符的定义及使用，了解逻辑运算符在 JavaScript 中的作用，学习使用逻辑运算符的技巧。

【语法格式】

```
a && b
```

【格式说明】　对比两个表达式，如果符号两边的表达式都是满足的，则整体返回结果是 true；如果符号两边的表达式有一边不满足，则整体返回的结果是 false。

【案例演示】需求：定义逻辑与、逻辑或、逻辑非。根据上述功能，新建一个名称为 h3_8_4.html 的文件，在页面中加入如清单 3-8-4 所示的代码。

清单 3-8-4　页面文件 h3_8_4.html 的源文件

```
var a = 1, b = 10, c = 100;
alert("逻辑与：" + ((a < b) && (a < c)) + "\n" +
    "逻辑或：" + ((a > b) || (a < c)) + "\n" +
    "逻辑非：" + (!(a > b)));
```

页面文件 h3_8_4.html 在 Chrome 浏览器中执行后，显示的效果如图 3-8-4 所示。

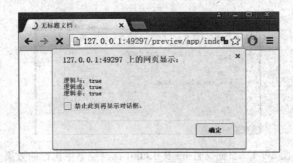

图 3-8-4　页面文件 h3_8_4.html 在浏览器中执行的效果

【案例实践】新建一个页面，定义变量 a 为 200，b 为 300，c 为 400，对比 a>b 与 a>c 的结果值。如果条件都满足，输出"对比成功"；如果条件不满足，输出"对比失败"。

【扩展知识】逻辑运算符很像我们高中物理中学过的"与门"、"或门"、"非门"。这里叫作"逻辑与"、"逻辑或"、"逻辑非"，所对应的运算符是"&&"、"||"、"!"，所表达的意思是"如果条件两边都满足，为 true"、"如果条件两边有一边满足，为 true"、"如果条件不满足，为 true"。

3.9　分支语句

想实现不同的业务逻辑，光靠基础数据类型及标识符还不够，还需依赖不同的语句来组成。分支语句更像是对不同情况的判断，应对不同的解决方法。JavaScript 和其他编程语言一样，在分支语句中，也可使用 if-else、switch 等分支语句。

1. if 语句

【技能目标】掌握 if 语句的定义及用法，了解 if 语句在 JavaScript 中的作用，学习 if 语句在 JavaScript 中的使用技巧。

【语法格式】

```
if(条件){
    //条件满足时的内容
}
```

【格式说明】if 判断语句在之前的章节中或多或少也都接触过。if 语句要先进行条件判断，然后执行代码块。当条件成立时，会执行 if 语句块内的内容。

【案例演示】需求：定义 if 判断语句，比较两个值的大小，并将数值通过对话框输出。根据上述功能，新建一个名称为 h3_9_1.html 的文件，在页面中加入如清单 3-9-1 所示的代码。

清单 3-9-1　页面文件 h3_9_1.html 的源文件

```
var a = 1, b = 10;
if (a < b){
    alert("a比b小");
}
```

页面文件 h3_9_1.html 在 Chrome 浏览器中执行后，显示的效果如图 3-9-1 所示。

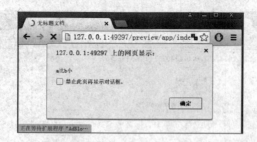

图 3-9-1　页面文件 h3_9_1.html 在浏览器中执行的效果

【案例实践】新建一个页面，要求定义变量 a 和 b，a 赋值为 5，b 赋值为 7，对比 a 和 b 的值。如果 a 大于 b，则对话框输出 "a 大于 b"；如果 a 小于 b，则对话框输出 "a 小于 b"。

【扩展知识】多个 if 判断语句还可以对同一值进行不同内容的判断，并且 if 语句也可以进行嵌套，在一个 if 语句里嵌套另一个 if 语句，意为 "当一个条件满足时，另一个条件也满足"。

2．If...else 语句

【技能目标】掌握 if...else 语句的定义及使用，了解 if...else 在 JavaScript 中的作用，学习 if...else 在 JavaScript 中的实际作用。

【语法格式】

```
if(条件){
    //条件满足时的内容
}else{
    //条件不满足时的内容
}
```

【格式说明】if...else 判断语句表示 "如果条件满足，则执行满足的内容；否则，会执行另外的内容"。if...else 有不同的语句块，可以放置不同的内容。

【案例演示】需求：定义及使用 if...else 语句。根据上述功能，新建一个名称为 h3_9_2.html 的文件，在页面中加入如清单 3-9-2 所示的代码。

清单 3-9-2　页面文件 h3_9_2.html 的源文件

```
var a = 1, b = 10;
if (a == b) {
    alert("a 等于 b");
} else {
    alert("a 不等于 b");
}
```

页面文件 h3_9_2.html 在 Chrome 浏览器中执行后，显示的效果如图 3-9-2 所示。

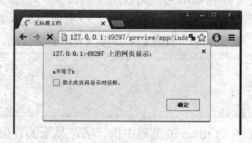

图 3-9-2　页面文件 h3_9_2.html 在浏览器中执行的效果

【案例实践】新建一个页面，命名两个变量 a 和 b，分别赋值为 3 和 5。对比 a 和 b 的值，如果 a 大于 b，则输出 a 的值；如果 a 小于 b，则输出 b 的值。

【扩展知识】在上述代码中，因为每个块内语句只有一句，这种情况下，可以省略外面的大括号，变为如下代码：

```
var a = 1, b = 10;
if (a == b)
    alert("a 等于 b");
else
    alert("a 不等于 b");
```

注意：当且仅当块内语句为一条时，可以省略外面的大括号。如果满足条件的有两条及两条以上语句，则仍需在外面加上括号。

3．If…else if 语句

【技能目标】掌握 if…else if 语句的定义及用法，了解 if…else if 在 JavaScript 中的作用，学习 if…else if 在 JavaScript 中的运用技巧。

【语法格式】

```
if(条件 1){
    //条件 1 满足时的内容
}else if(条件 2){
    //条件 2 满足时的内容
}
```

【格式说明】当条件 1 满足时会执行条件 1 内的内容；当条件 1 不满足时，会继续向下判断，看是否满足条件 2；当条件 2 满足时，会执行条件 2 内的内容；当条件都不满足时，不会执行任何块内的内容，程序会继续向下执行其他代码，避开以上判断代码。

【案例演示】需求：定义及使用 if…else if 语句。根据上述功能，新建一个名称为 h3_9_3.html 的文件，在页面中加入如清单 3-9-3 所示的代码。

清单 3-9-3　页面文件 h3_9_3.html 的源文件

```
var a = 1, b = 10;
if (a == b) {
    alert("a 等于 b");
} else if (a < b) {
    alert("a 小于 b");
}
```

页面文件 h3_9_3.html 在 Chrome 浏览器中执行后，显示的效果如图 3-9-3 所示。

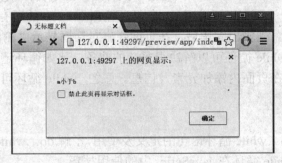

图 3-9-3　页面文件 h3_9_3.html 在浏览器中执行的效果

【案例实践】新建一个页面，命名一个变量 a 并赋值为 5，要求使用 if...else if 对其变量至少进行三次以上的判断，分别与 10、100、1000、10000 四个值进行对比。

【扩展知识】在 if...else if 语句中也可以嵌套 if 语句，多个 if 语句互相组合使用，可以实现更为严谨的条件判断语句。但是 if 层次不能过深，因为过深的层次结构会影响程序的性能。

3.10 循环语句

很多时候单靠一条或多条判断语句，不能完成过于庞大的重复性的工作流程，这时需要用到循环语句来帮助。同其他编程语言一样，JavaScript 也有类似的循环语句的定义。

1．while 语句

【技能目标】掌握 while 循环语句的定义及使用，了解 while 循环语句在 JavaScript 中的作用，学习 while 循环语句在使用时的技巧。

【语法格式】

```
while(条件成立){
    //循环执行内容
}
```

【格式说明】循环语句离不开满足条件的判断，当判断条件为真时，符合循环条件，便执行循环内容；循环一次完毕后再次回到循环条件判断，直到条件不满足时，循环过程中止。

【案例演示】需求：用 while 循环打印节点，将打印的节点添加到 ul 标签内。根据上述功能，新建一个名称为 h3_10_1.html 的文件，在页面中加入如清单 3-10-1 所示的代码。

清单 3-10-1　页面文件 h3_10_1.html 的源文件

```
<ul id="content"></ul>
<script type="text/javascript">
    var ul = document.getElementById("content");
    var i = 1;
    while (i <= 10) {
        var li = document.createElement("li");
        li.innerHTML = "第" + i + "条";
        ul.appendChild(li);
        i++;
    }
</script>
```

页面文件 h3_10_1.html 在 Chrome 浏览器中执行后，显示的效果如图 3-10-1 所示。

【案例实践】新建一个页面，要求用 while 循环输出 0～100 的所有数字，并且将结果输出在控制台上，显示出来。当输出完毕后，在页面弹出对话框显示"输出完毕"。

【扩展知识】使用 while 循环可以解决很复杂的业务，比如循环遍历页面中的节点信息；也可利用循环语句不断在页面内添加元素及信息。总之，while 循环可以代替一些复杂的业务操作。

2．do...while 语句

【技能目标】掌握 do...while 循环语句的定义及使用，了解 do...while 循环语句在 JavaScript 中的作用，学习 do...while 循环在 JavaScript 中的使用技巧。

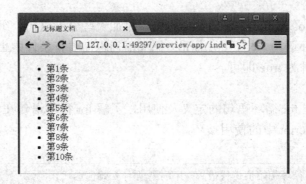

图 3-10-1　页面文件 h3_10_1.html 在浏览器中执行的效果

【语法格式】

```
do{
    //循环执行内容
}while(条件成立);
```

【格式说明】do…while 循环也离不开循环条件的判断。只不过 do…while 循环是不管循环条件如何，先执行循环体内容，执行完毕一次再判断条件是否成立。

【案例演示】需求：用 do…while 循环打印节点。根据上述功能，新建一个名称为 h3_10_2 的文件，并在页面中加入如清单 3-10-2 所示的代码。

清单 3-10-2　页面文件 h3_10_2.html 的源文件

```
<ul id="content"></ul>
<script type="text/javascript">
    var ul = document.getElementById ("content");
    var i = 1;
    do {
        var li = document.createElement ("li");
        li.innerHTML = "第" + i + "条";
        ul.appendChild(li);
        i++;
    } while (i <= 10);
</script>
```

页面文件 h3_10_2.html 在 Chrome 浏览器中执行后，显示的效果如图 3-10-2 所示。

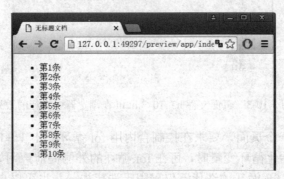

图 3-10-2　页面文件 h3_10_2.html 在浏览器中执行的效果

【案例实践】新建一个页面，要求用 do…while 循环输出 0～200 的所有数字，并且将结果输出在控制台上，显示出来。当输出完毕后，在页面弹出对话框显示"输出完毕"。

【扩展知识】在 do…while 循环语句内也可以添加一些分支语句，组成复杂的业务逻辑判断语句。同 while 循环语句一样，do…while 循环语句也需要有条件中止循环；若要不断循环内容，让其 while 条件为 true 即可。

3. for 循环

【技能目标】掌握 for 循环语句的定义及使用，了解 for 循环语句在 JavaScript 中的作用，学习 for 循环在 JavaScript 中的使用技巧。

【语法格式】

```
for(循环初始值;循环初始值迭代最大/小范围;循环初始值迭代){
    //循环内容
}
```

【格式说明】程序首先确定循环初始值，再来判断初始值是否满足最大/小的取值范围，然后进行循环内容的执行；循环内容执行完毕后，进行循环初始值的迭代，再来判断迭代后的循环初始值是否满足循环迭代的最大/小范围；当不满足条件时，跳出整个循环，循环结束。

【案例演示】需求：用 for 循环打印节点。根据上述功能，新建一个名称为 h3_10_3.html 的文件，在页面中加入如清单 3-10-3 所示的代码。

清单 3-10-3　页面文件 h3_10_3.html 的源文件

```html
<ul id="content"></ul>
<script type="text/javascript">
    var ul = document.getElementById("content");
    for (var i = 1; i <= 10; i++) {
        var li = document.createElement("li");
        li.innerHTML = "第" + i + "条";
        ul.appendChild(li);
    }
</script>
```

页面文件 h3_10_3.html 在 Chrome 浏览器中执行后，显示的效果如图 3-10-3 所示。

图 3-10-3　页面文件 h3_10_3.html 在浏览器中执行的效果

【案例实践】新建一个页面，要求在控制台内用 for 循环输出 1～100 的值。

【扩展知识】在初始化循环变量时，可在 for 循环的外侧提前声明好，这样有利于提高 for 循环的工作效率；同时 for 循环的迭代不仅局限于迭代加一，也可以自行更改迭代数。

4. continue 语句

【技能目标】掌握 continue 语句的定义及使用，了解 continue 语句在 JavaScript 中的作用，学习 continue 语句在 JavaScript 中的使用技巧。

【语法格式】

```
for (var i = 0; i < 10; i++) {
        if (i == 3) {
            continue;
        }
        //循环内容
}
```

【格式说明】程序首先执行循环初始化，遇到 if 语句先判断是否满足条件；当条件满足时，会跳出本次循环，继续执行下一次循环。continue 的位置可根据具体的业务需求来确定。

【案例演示】需求：用 continue 语句中止本次循环。根据上述功能，新建一个名为 h3_10_4.html 的文件，在页面中加入如清单 3-10-4 所示的代码。

清单 3-10-4　页面文件 h3_10_4.html 的源文件

```
<ul id="content"></ul>
<script type="text/javascript">
    var ul = document.getElementById("content");
    for (var i = 1; i <= 10; i++) {
        if (i == 5) {
            continue;
        }
        var li = document.createElement("li");
        li.innerHTML = "第" + i + "条";
        ul.appendChild(li);
    }
</script>
```

页面文件 h3_10_4.html 在 Chrome 浏览器中执行后，显示的效果如图 3-10-4 所示。

图 3-10-4　页面文件 h3_10_4.html 在浏览器中执行的效果

【案例实践】新建一个页面，要求用 for 循环打印 1～100 的数值。当循环的每个元素能被 2 整除时，需要跳过本次循环，将结果输出在控制台内。

【扩展知识】在实际开发中，continue 常用于分支语句中。循环某个数值集，判断什么条件符合或不符合时，要停止本次循环。

5. break 语句

【技能目标】掌握 break 语句的定义及使用，了解 break 语句在 JavaScript 中的作用，学习 break 语句在 JavaScript 中的使用技巧。

【语法格式】

```
for (var i = 0; i < 10; i++) {
    if (i == 3) {
        break;
    }
    //循环内容
}
```

【格式说明】程序首先执行循环初始化，遇到 if 语句先判断是否满足条件；当条件满足时，会跳出当前循环，不再继续执行下面的循环。同样，break 的位置可根据具体的业务需求来确定。

【案例演示】需求：循环输出 1～10 个数字，用 break 中止循环体。根据上述功能，新建一个名称为 h3_10_5.html 的文件，在页面中加入如清单 3-10-5 所示的代码。

清单 3-10-5   页面文件 h3_10_5.html 的源文件

```
<ul id="content"></ul>
<script type="text/javascript">
    var ul = document.getElementById("content");
    for (var i = 1; i <= 10; i++) {
        if (i == 5) {
            break;
        }
        var li = document.createElement("li");
        li.innerHTML = "第" + i + "条";
        ul.appendChild(li);
    }
</script>
```

页面文件 h3_10_5.html 在 Chrome 浏览器中执行后，显示的效果如图 3-10-5 所示。

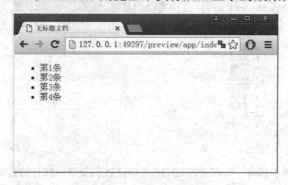

图 3-10-5   页面文件 h3_10_5.html 在浏览器中执行的效果

【案例实践】新建一个页面，要求用 for 循环输出 1～100 的数值。当判断循环的数值等于 50 时，退出整个循环体，将循环的结果输出在控制台内。

【扩展知识】在实际开发中，break 语句也可以和 continue 语句联合使用。这种联合使用的情况取决于开发者的业务需求。continue 是跳出本次循环，而 break 是跳出整个循环体，它们二者是有明确区分的。

3.11　函数的定义

在 JavaScript 中，函数起到了至关重要的作用，它是由事件驱动或者被调用时执行的可重复使用的代码块，其最显著的功能是可以集中代码，让代码管理起来更加井井有条。同 Java 语言不同的是，函数的定义方式更加简练。

1．定义函数的方法

【技能目标】掌握函数的定义方法，了解定义函数在 JavaScript 中的作用，学习函数在定义时的使用技巧。

【语法格式】

```
function funcName() {
    //方法内容
}
```

【格式说明】函数又叫方法。在定义函数时，首先需要声明 function 关键字，然后书写函数的名字，这里假设名字是 funcName。函数名应起得通俗易懂。

【案例演示】需求：定义一个函数，在对话框中输出"Hello, JavaScript"。根据上述功能，新建一个名称为 h3_11_1.html 的文件，在页面中加入如清单 3-11-1 所示的代码。

清单 3-11-1　页面文件 h3_11_1.html 的源文件

```
<script type="text/javascript">
    sayHello();
    function sayHello() {
        alert("Hello, JavaScript");
    }
</script>
```

页面文件 h3_11_1.html 在 Chrome 浏览器中执行后，显示的效果如图 3-11-1 所示。

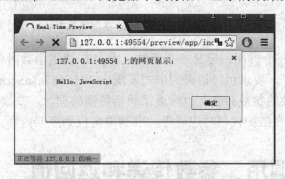

图 3-11-1　页面文件 h3_11_1.html 在浏览器中执行的效果

【案例实践】新建一个页面，要求定义一个函数 sayHello，并且在函数内部输出"Hello, JavaScript"。

【扩展知识】在实际开发中，函数的定义应能望文生义，因为我们的代码总会交给其他开发者来维护。函数名定义应非常直观易懂。

2．函数定义时参数的声明

【技能目标】掌握函数定义时参数的声明方式，了解函数定义的参数。

【语法格式】

```
function funcName(arg0,arg1) {
        //方法内容
}
```

【格式说明】声明函数的参数时，在方法的括号内添加参数对象即可。参数不需要声明变量的类型，多个参数之间用半角逗号分隔。

【案例演示】需求：定义一个函数，输入两个整数，在函数内计算结果并输出。根据上述功能，新建一个名称为 h3_11_2.html 的文件，在页面中加入如清单 3-11-2 所示的代码。

清单 3-11-2　页面文件 h3_11_2.html 的源文件

```
<script type="text/javascript">
    sum(1, 2);
    function sum(a, b) {
        alert("a 和 b 的计算结果是：" + (a + b));
    }
</script>
```

页面文件 h3_11_2.html 在 Chrome 浏览器中执行后，显示的效果如图 3-11-2 所示。

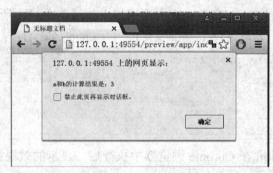

图 3-11-2　页面文件 h3_11_2.html 在浏览器中执行的效果

【案例实践】新建一个页面，定义一个函数，并且在调用函数时传入两个参数，分别是"Hello"和"JavaScript"，要求用对话框的形式展现出"Hello JavaScript"的样式。

【扩展知识】在函数的参数命名上也应遵循通俗易懂的理念，参数名称不能过长，这样使用起来更加方便，他人在维护代码时也能更加准确地定位到重要内容。

3.12　函数调用、参数传递和返回值

如果想把代码写得更有条理、更有逻辑，则离不开函数的定义。但是当函数定义完毕后，对于如何灵活地调用函数，以及在调用的过程中是否需要传递参数，在定义时如何声明参数，也是需要开发者掌握的。本节学习如何对函数进行调用，以及参数的声明与传递等。

1．简单的函数调用

【技能目标】掌握函数的简单调用方式，了解函数的调用在 JavaScript 中的作用，学习函

数的调用在 JavaScript 中的使用技巧。

【语法格式】

```
function funcName() {}
funcName();
```

【格式说明】函数在定义好后，直接输入函数名称，添加方法括号，即可调用方法。

【案例演示】需求：定义并调用一个函数，在函数内输出"Hello, JavaScript"。根据上述功能，新建一个名称为 h3_12_1.html 的文件，在页面中加入如清单 3-12-1 所示的代码。

清单 3-12-1　页面文件 h3_12_1.html 的源文件

```
<script type="text/javascript">
    sayHello();
    function sayHello() {
        alert("Hello, JavaScript");
    }
</script>
```

页面文件 h3_12_1.html 在 Chrome 浏览器中执行后，显示的效果如图 3-12-1 所示。

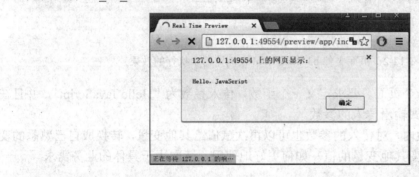

图 3-12-1　页面文件 h3_12_1.html 在浏览器中执行的效果

【案例实践】新建一个页面，要求定义一个函数为传入两个整型数值参数，调用后会呈现参数和值。

【扩展知识】在实际使用时，函数也可以定义为匿名函数。

```
var x = function (a, b) {return a * b};
var z = x(4, 3);
```

这样在调用函数时，就可以以变量的形式调用函数。

2. 函数参数的使用

【技能目标】掌握函数参数的使用方式，了解函数参数在 JavaScript 代码中的作用，学习使用函数参数的技巧。

【语法格式】

```
function funcName(arg0,arg1){
    var param0 = arg0;
}
```

【格式说明】在函数内部直接引用参数名称即可使用函数的参数。

【案例演示】需求：定义一个函数，要求计算输入的两个数字的和，并在对话框中展现结果。根据上述功能，新建一个名称为 h3_12_2.html 的文件，在页面中加入如清单 3-12-2 所示的代码。

清单 3-12-2　页面文件 h3_12_2.html 的源文件

```
<script type="text/javascript">
    function sum(a, b) {
        alert("a 和 b 的和是: " + (a + b));
    }
    sum(1,2);
</script>
```

页面文件 h3_12_2.html 在 Chrome 浏览器中执行后，显示的效果如图 3-12-2 所示。

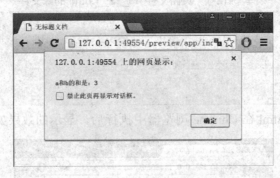

图 3-12-2　页面文件 h3_12_2.html 在浏览器中执行的效果

【案例实践】新建一个页面，要求定义一个函数，传入参数为 "Hello JavaScript"，并且在该函数内用控制台的形式输出传入的参数。

【扩展知识】在函数内，对传入的参数也可以再次赋值给其他变量，转换成自己熟悉的变量形式；也可以直接改变其他变量的值。如何更好地使用，还取决于具体的业务需求。

3.13　本息计算

JavaScript 是一种浏览器脚本语言，其作用是为网页添加各式各样的动态功能。这一节我们要使用 JavaScript 语言的条件语句、循环语句及函数语句等语法实现一个本息计算功能。接下来我们就来详细地介绍这个项目。

【任务描述】根据本金和利率，通过使用本章学习的条件语句、循环、函数等知识点完成本息计算，返回 n 年后的金钱总额，并且以弹出框的形式展现结果。

【页面结构】根据上述功能，新建一个名称为 index.html 的文件，在页面中加入如清单 3-13-1 所示的代码。

清单 3-13-1　页面文件 index.html 的源文件

```
var money = 10000;
var rate = 0.3;
function jisuan(money,rate) {
    var sum = money;
    for (var i = 0; i < 5; i++) {
        sum =sum+sum*rate;
    }
    return sum;
}
```

```
var money_get = jisuan(money,rate);
alert('5 年后获得:'+money_get+'元');
```

【页面布局】页面文件 index.html 在 Chrome 浏览器中执行后，显示的效果如图 3-13-1 所示。

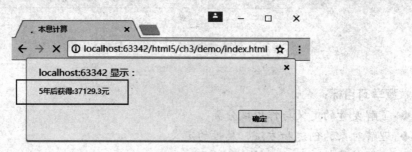

图 3-13-1　页面文件 index.html 在浏览器中执行的效果

【源码分析】代码中声明一个 jisuan 函数，通过形参传入本金和利率。内部通过循环来实现本息计算功能。最后使用一个新变量接收函数返回值，并以 alert 形式展现结果。

第 4 章

JavaScript 面向对象

本章学习目标：

◆ 了解变量的定义与作用域分类。

◆ 理解对象的创建和方法、属性的定义。

◆ 了解封装与 prototype 属性的使用。

◆ 掌握对象继承和面向对象编程的基本流程。

4.1 变量的作用域

在 JavaScript 代码内，同其他编程语言一样，变量的作用范围也会有区分。不同位置的变量，其作用的范围也有所不同。本章我们来学习变量的作用域。

1. 局部变量

【技能目标】掌握局部变量的定义及作用范围，了解局部变量在 JavaScript 中的作用，学习局部变量在 JavaScript 中的使用技巧。

【语法格式】

```
var c = "def";
function a(){
    var b = "abc";
}
```

【格式说明】在上述格式中，只有在函数 a 中的变量 b 称为 a 函数的局部变量。局部变量也叫私有变量，意为在局部声明的变量，其作用范围也是在本函数内。

【案例演示】需求：在一个函数内，声明一个变量并赋予初始值，在外部调用这个局部变量。根据上述功能，新建一个名称为 h4_1_1.html 的文件，在页面中加入如清单 4-1-1 所示的代码。

清单 4-1-1　页面文件 h4_1_1.html 的源文件

```
<script type="text/javascript">
    function People() {
        var name = "张三";
        this.getName = function () {
            return name;
        };
    }
    var p = new People();
    alert(p.getName());
</script>
```

页面文件 h4_1_1.html 在 Chrome 浏览器中执行后，显示的效果如图 4-1-1 所示。

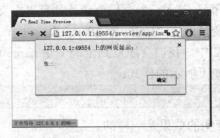

图 4-1-1　页面文件 h4_1_1.html 在浏览器中执行的效果

【案例实践】新建一个页面，定义一个函数，并且在函数内部有一个局部变量。要求在函数内调用局部变量，并且在控制台内输出这个局部变量。

【扩展知识】局部变量的定义方法和普通变量一样。如果想访问局部变量，则必须像清单 4-1-1 那样采用声明局部变量的方法，才能访问局部变量，否则访问的是全局变量。

2．全局变量

【技能目标】掌握全局变量的定义及作用范围，了解全局变量在 JavaScript 中的作用，学习全局变量在 JavaScript 中的使用技巧。

【语法格式】

```
var c = "def";
function a(){
    var b = "abc";
}
```

【格式说明】在上述格式中，c 可以称为全局变量，在函数 a 中可以调用 c 的变量值，在 a 函数的外侧也可以调用 c 全局变量。全局变量也叫公有变量，意为在全局声明的变量，其作用范围要比局部变量大，任意一个函数都可以访问这个变量。

【案例演示】需求：定义一个全局变量，并赋予初始值，在其他函数内调用这个全局变量。根据上述功能，新建一个名称为 h4_1_2.html 的文件，在页面中加入如清单 4-1-2 所示的代码。

清单 4-1-2　页面文件 h4_1_2.html 的源文件

```
<script type="text/javascript">
        var name = "李四";
        function showName() {
            alert(name);
        }
        showName();
</script>
```

页面文件 h4_1_2.html 在 Chrome 浏览器中执行后，显示的效果如图 4-1-2 所示。

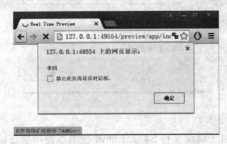

图 4-1-2　页面文件 h4_1_2.html 在浏览器中执行的效果

【案例实践】新建一个页面，定义一个全局变量，并且再定义一个函数。要求在函数内调用全局变量，在控制台输出变量的值"Hello JavaScript"。

【扩展知识】在清单 4-1-2 中，我们会注意到全局变量 name 可以被其他函数访问。不过，全局变量的定义也可以变为如下所示的样式：

```
window.name = "李四";
```

这样声明的效果和 var 声明的效果是一样的。

4.2　类型定义与对象创建

在很多其他开发语言中，面向对象的概念里最重要的角色就是对象，运用对象的概念会使代码更有逻辑。但在 ECMAScript 中没有类的概念，也就是说，其对象的定义及使用会与其他语言不同。本节我们学习 JavaScript 中对象的定义及创建等知识。

1．对象类型的分类

【技能目标】掌握 JavaScript 对象的类型及不同种类的使用，了解 JavaScript 内不同的对象类型，学习对象的类型在 JavaScript 开发中的使用技巧。

【语法格式】

```
var arr = new Array();
```

【格式说明】在 JavaScript 中，有一种对象的类型是内置对象。内置对象的种类很多，Array、Date、Boolean、Math、Number、Object、Global 等都属于内置对象。其中 Math 和 Global 对象无须实例化便可使用，其他对象需实例化后再使用。

【案例演示】需求：利用 JavaScript 内置对象，输出现在的时间。根据上述功能，新建一个名称为 h4_2_1.html 的文件，在页面中加入如清单 4-2-1 所示的代码。

清单 4-2-1　页面文件 h4_2_1.html 的源文件

```
<script type="text/javascript">
        var date = new Date();
        alert("现在时间是: " + date.getHours() + ":" + date.getMinutes() + ":"
+ date.getSeconds());
    </script>
```

页面文件 h4_2_1.html 在 Chrome 浏览器中执行后，显示的效果如图 4-2-1 所示。

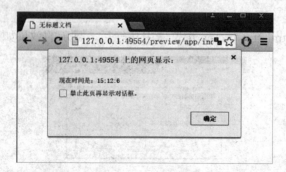

图 4-2-1　页面文件 h4_2_1.html 在浏览器中执行的效果

【案例实践】新建一个页面，要求运用内置对象 Object 定义一个变量，并给变量 name 和 age 赋值"张三"和 13，在控制台内输出变量的值。

【扩展知识】对象的类型还有额外的两种：宿主对象、自定义对象。在 JavaScript 中，所有 DOM 和 BOM 都是宿主对象。自定义对象可以有对象直接量、new 构造函数、Object.create() 三种方法，可以序列化和反序列化，可以描述实例成员和静态成员，可以继承等。

2. 创建对象的方法

【技能目标】掌握 JavaScript 创建对象的方法，了解创建对象对 JavaScript 代码的作用，学习在 JavaScript 中创建对象的技巧。

【语法格式】

```
var a = new A();
```

【格式说明】通过 new 来创建对象 a，并且对象 a 可操控 A 的函数、属性。JavaScript 创建对象的方式有很多种，这里可以用构造函数模式的方式创建对象。

【案例演示】需求：创建一个 People 对象，要求能展示出 People 的姓名和年龄。根据上述功能，新建一个名称为 h4_2_2.html 的文件，在页面中加入如清单 4-2-2 所示的代码。

清单 4-2-2　页面文件 h4_2_2.html 的源文件

```
<script type="text/javascript">
    function People(name, age) {
        this.name = name;
        this.age = age;
        this.getPeopleInfo = function () {
            alert("名字是: " + this.name + ", 年龄是: "
            + this.age);
        };
    }
    var people = new People("张三", 13);
    people.getPeopleInfo();
</script>
```

页面文件 h4_2_2.html 在 Chrome 浏览器中执行后，显示的效果如图 4-2-2 所示。

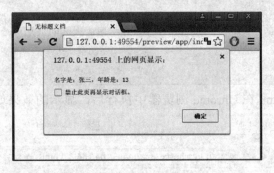

图 4-2-2　页面文件 h4_2_2.html 在浏览器中执行的效果

【案例实践】新建一个页面，创建一个函数 Animal，并且在其内部拥有一些变量和值。要求用对象的形式调用函数内部的值，并在控制台内输出。

【扩展知识】创建对象的方法不局限于通过 Object 构造函数创建，但这样的弊端是通过同一接口可创建很多的对象，产生更多的无用代码。我们还可以通过工厂模式等其他方式来创建对象，减少不必要代码的生成，提高代码的健壮性。

更多相关的内容，请扫描二维码，通过微课程详细了解。

4.3 对象属性、方法的内存结构

在 ECMAScript 中提供了构造函数（构造方法）来创建特定的对象，以解决对象的识别问题。构造函数的目的在于指定一种对象类型，这个对象类型包含自己的属性和方法。根据指定类型创建的所有对象都拥有这些属性和方法。

1. 构造函数

【技能目标】掌握构造函数的定义和具体用法，理解构造函数的语法格式和具体作用，能够构建开发中需要的构造函数和对象模型。

【语法格式】

```
function P(n, m) {
    this.n =n;
    this.m =m;
    this.fn = function () {
    };
}
```

【格式说明】按照开发规范，构造函数的名称首个字符需要大写。通过 this 关键字声明需要的属性，并且通过形参给属性赋值，通过 this 关键字声明需要的方法，并且根据功能定义函数体。

【案例演示】需求：构建一个学生对象的构造函数，包含姓名、年龄属性和学习的方法。根据上述功能，新建一个名称为 h4_3_1.html 的文件，在页面中加入如清单 4-3-1 所示的代码。

清单 4-3-1　页面文件 h4_3_1.html 的源文件

```
<script type='text/javascript'>
    function Student(name,age) {
        this.name = name;
        this.age = age;
        this.study = function () {
            console.log(this.name+'好好学习，天天向上')
        }
    }
</script>
```

页面文件 h4_3_1.html 在 Chrome 浏览器中执行后，显示的效果如图 4-3-1 所示。

图 4-3-1　页面文件 h4_3_1.html 在浏览器中执行的效果

【案例实践】构建一个老师对象的构造函数，包含姓名、年龄、科目等属性和授课的方法。

【扩展知识】JS 中所有的函数都有一个 prototype 属性，这个属性引用了一个对象，即原型对象，也简称原型。这里的函数包括构造函数和普通函数，但是我们用得更多的是构造函数的原型。构造函数的原型对象包含了由构造函数创建出的所有实例共享的属性和方法。

2．关键字 new 的执行

【技能目标】掌握 new 关键字的具体用法，理解 new 关键字的执行过程。

【语法格式】

```
var s= new S(a,b);
s.fn();
```

【格式说明】首先写一个 new 关键字，然后调用构造函数，按照固定顺序传入实参，最后声明一个变量接收返回的对象。此对象可以使用自己的属性和方法。使用 new 创建对象时才会申请内存。

【案例演示】需求：根据学生的构造函数创建一个时间对象，并且使用该对象的方法。根据上述功能，新建一个名称为 h4_3_2.html 的文件，在页面中加入如清单 4-3-2 所示的代码。

清单 4-3-2 页面文件 h4_3_2.html 的源文件

```
<script type='text/javascript'>
    var date = new Date();
    console.log(date);
    console.log(typeof (date));
    console.log(date.toString());
</script>
```

页面文件 h4_3_2.html 在 Chrome 浏览器中执行后，显示的效果如图 4-3-2 所示。

图 4-3-2 页面文件 h4_3_2.html 在浏览器中执行的效果

【案例实践】根据生活中常见的事物，创建相应对象，并使用对象的属性和方法。例如，构建一个名称为"Person"的构造函数，该函数有一个名称为"say"的方法和名称为"type"的属性，实例化两个构造函数的对象，分别调用对象的方法与属性。

【扩展知识】构造函数是 JavaScript 代码中的高级编程内容，通过构造函数可以实现很多功能的封闭，通过封闭，能避免全局的代码冲突与污染。同时，ECMAScript 5 中只有构造函数的概念。在 ECMAScript 6 中新增了类的概念和语法。

4.4 prototype 及其内存结构

Object 有一个属性 prototype。Object.prototype 属性表示 Object 的原型对象。JavaScript 中几乎所有的对象都是 Object 的实例，所有的对象都继承了 Object.prototype 的属性和方法，它们可以被覆盖（除了以 null 为原型的对象）。

1. 什么是 prototype

【技能目标】每个函数都有一个 prototype 属性，这个属性是指向一个对象的引用，这个对象称为原型对象，原型对象包含函数实例共享的方法和属性，也就是说将函数用作构造函数调用（使用 new 操作符调用）的时候，新创建的对象会从原型对象上继承属性和方法。

【语法格式】

```
fn.prototype.name=value
```

【格式说明】prototype 属性允许添加对象的属性和方法。任何一个对象都有一个 prototype 属性。这个属性的类型是对象类型，可以为其添加自定义属性。

【案例演示】需求：声明一个构造函数，为其 prototype 属性添加属性。根据上述功能，新建一个名称为 h4_4_1.html 的文件，在页面中加入如清单 4-4-1 所示的代码。

清单 4-4-1　页面文件 h4_4_1.html 的源文件

```javascript
<script type='text/javascript'>
    function Person(name,age) {
        this.name = name;
        this.age = age;
    }
    Person.prototype.sex = '男';
    var p = new Person('小明',12);
    alert(p.sex);
</script>
```

页面文件 h4_4_1.html 在 Chrome 浏览器中执行后，显示的效果如图 4-4-1 所示。

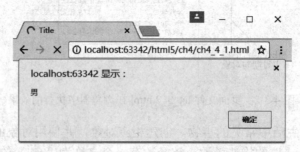

图 4-4-1　页面文件 h4_4_1.html 在浏览器中执行的效果

【案例实践】声明一个构造函数有自己的属性和方法，为其 prototype 属性添加一个新的方法。验证新创建的对象是否会从原型对象上继承方法。

【扩展知识】prototype 有一个_proto_属性，是一个访问器属性。使用_proto_是有争议的，它从来没有被包括在 ECMAScript 语言规范中，但是现代浏览器实现了它。_proto_属性在

ECMAScript 6 语言规范中已标准化，用于确保 Web 浏览器的兼容性，因此它未来将被支持。

2．prototype 的功能

【技能目标】掌握原型链的概念和继承的使用。JavaScript 对象有一个指向原型对象的链。当试图访问一个对象的属性时，它不仅在该对象上搜寻，还会搜寻该对象的原型及该对象。

【语法格式】

```
Person.prototype = {
    attr:'value',
    fn: function(){
    }
};
```

【格式说明】构造函数的原型属性是一个对象，通过给一个构造函数设置原型属性，新创建的对象会从原型对象上继承属性和方法。

【案例演示】需求：验证通过具有原型属性的构造函数创建的对象是否包含原型中的属性和属性冲突问题。根据上述功能，新建一个名称为 h4_4_2.html 的文件，在页面中加入如清单 4-4-2 所示的代码。

清单 4-4-2　页面文件 h4_4_2.html 的源文件

```html
<!DOCTYPE html>
<html lang="en">
<head>
    <meta charset="UTF-8">
    <title>Title</title>
</head>
<body>
<script type='text/javascript'>
    function Teacher(name,age) {
        this.name = name;
        this.age = age;
        this.teach = function () {
            console.log('讲课...')
        }
    }
    Teacher.prototype ={
        name:'小刚',
        sex:'男',
    } ;
    var t = new Teacher('小明',12);
    console.log(t.name);
    console.log(t.sex);
</script>
</body>
</html>
```

页面文件 h4_4_2.html 在 Chrome 浏览器中执行后，显示的效果如图 4-4-2 所示。

【案例实践】尝试直接给对象设置 prototype 属性，并验证该对象是否能直接访问原型的属性。

【扩展知识】原型继承经常被视作 JavaScript 的一个弱点，但事实上，原型继承模型比经典的继承模型更强大。在 ES2015/ES6 中引入了 class 关键字，但只是语法，JavaScript 仍然是基于原型的。

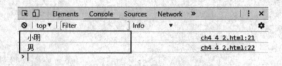

图 4-4-2　页面文件 h4_4_2.html 在浏览器中执行的效果

▌4.5　属性定义及封装

JavaScript 标准中不涉及很多面向对象的概念。但是 JavaScript 的核心是支持面向对象的，同时它也提供了强大灵活的 OOP 语言能力。在面向对象开发中，我们把属性分为私有属性、实例属性、原型属性及类属性。在 JavaScript 中也可以实现这几种属性的定义。

1．私有属性的定义

【技能目标】掌握私有属性的定义，理解私有属性的作用。

【语法格式】

```
function P(n, m) {
    var a;
}
```

【格式说明】在构造函数内部，直接使用 var 声明变量。该变量只能在函数体内部使用。

【案例演示】需求：创建一个构造函数，直接使用 var 声明变量，验证创建的对象能否使用该变量。根据上述功能，新建一个名称为 h4_5_1.html 的文件，在页面中加入如清单 4-5-1 所示的代码。

清单 4-5-1　页面文件 h4_5_1.html 的源文件

```
<!DOCTYPE html>
<html lang="en">
<head>
    <meta charset="UTF-8">
    <title>Title</title>
</head>
<body>
<script>
    function Dog(name,brand) {
        var age = 10;
    }
    var d = new Dog('旺财',2);
    console.log(d.age);
</script>
</body>
</html>
```

页面文件 h4_5_1.html 在 Chrome 浏览器中执行后，显示的效果如图 4-5-1 所示。

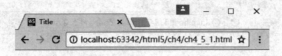

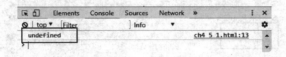

图 4-5-1　页面文件 h4_5_1.html 在浏览器中执行的效果

【案例实践】创建一个构造函数，直接创建一个普通的函数，验证创建的对象能否调用该函数。

【扩展知识】在 Java 语言中属性有四种：private、public、protected 及友好型。

2．实例属性的定义

【技能目标】掌握实例属性的定义，理解实例属性的作用。

【语法格式】

```javascript
function P(n, m) {
    this.n = n;
}
```

【格式说明】在构造函数内部，使用 this 关键字声明变量。该变量使用实例对象调用。

【案例演示】需求：创建一个构造函数，使用 this 关键字声明变量，验证创建的对象能否使用该变量。根据上述功能，新建一个名称为 h4_5_2.html 的文件，在页面中加入如清单 4-5-2 所示的代码。

清单 4-5-2　页面文件 h4_5_2.html 的源文件

```html
<!DOCTYPE html>
<html lang="en">
<head>
    <meta charset="UTF-8">
    <title>Title</title>
</head>
<body>
<script type='text/javascript'>
    function Dog(name) {
        this.name = name;
        this.brand = '泰迪';
    }
    var d = new Dog('旺财');
    console.log(d.name);
    console.log(d.brand);
</script>
</body>
</html>
```

页面文件 h4_5_2.html 在 Chrome 浏览器中执行后，显示的效果如图 4-5-2 所示。

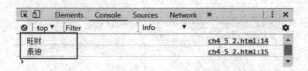

图 4-5-2　页面文件 h4_5_2.html 在浏览器中执行的效果

【案例实践】创建一个构造函数，使用 this 关键字声明函数，验证创建的对象能否调用该函数。

【扩展知识】一般而言，在 JavaScript 中，this 指向函数执行时的当前对象，如果没有明确的执行时的当前对象，则 this 指向全局对象 window。

4.6　继承的实现

因为 JavaScript 的特殊性，不能像其他编程语言那样具备完善的继承流程。在 JavaScript 中，不能实现接口继承，只能实现继承。接下来我们一起来学习如何在 JavaScript 中实现继承。

1．call 与 apply 方法实现继承

【技能目标】掌握 JavaScript 中实现继承的方式方法，了解继承在 JavaScript 中的作用，学习在 JavaScript 代码中使用继承的技巧。

【语法格式】

```
class.apply(this, arguments);
```

【格式说明】使用 apply 方法，this 代表在创建对象时指的是 student，arguments 代表的是参数集。

【案例演示】需求：定义 People 类，具有名字及年龄；定义 Student 类继承 People 类，额外具有性别属性。根据上述功能，新建一个名称为 h4_6_1.html 的文件，在页面中加入如清单 4-6-1 所示的代码。

清单 4-6-1　页面文件 h4_6_1.html 的源文件

```
<script type="text/javascript">
    function People(name, age) {
        this.name = name;
        this.age = age;
    }
    function Student(name, age, sex) {
        People.apply(this, arguments);
        this.sex = sex;
    }
```

```
        var student = new Student("张三", 7, "男");
        alert(student.name + " " + student.age + " " + student.sex);
    </script>
```

页面文件 h4_6_1.html 在 Chrome 浏览器中执行后，显示的效果如图 4-6-1 所示。

图 4-6-1　页面文件 h4_6_1.html 在浏览器中执行的效果

【案例实践】新建一个页面，要求定义一个函数是 Animal，另一个函数是 Cat，分别赋予一定的变量值。Cat 继承自 Animal。在控制台内输出对象分别调用 Cat 与 Animal 后的值。

【扩展知识】在 JavaScript 中，可以用 call 与 apply 的方式实现继承。再来看一下 call 的使用方式。使用 call 方法，this 代表在创建对象时指的是 student，arg0、arg1 表示参数。

```
class.call(this,arg0,arg1);
```

2．prototype 属性方式

【技能目标】掌握 prototype 为类的所有实例添加属性和方法，了解 prototype 属性在 JavaScript 中的作用，学习 prototype 属性。

【语法格式】

```
class1.prototype = new class2();
```

【格式说明】class2 实例对象赋予 class1 指定的 prototype，通过实例的方式，实现继承的功能。

【案例演示】需求：定义 People 类，具有名字及年龄；定义 Student 类继承 People 类，额外具有性别属性。根据上述功能，新建一个名称为 h4_6_2.html 的文件，在页面中加入如清单 4-6-2 所示的代码。

清单 4-6-2　页面文件 h4_6_2.html 的源文件

```
<script type="text/javascript">
    function People(name, age) {
        this.name = name;
        this.age = age;
    }
    function Student(name, age, sex) {
        this.name = name;
        this.age = age;
        this.sex = sex;
    }
    Student.prototype = new People();
```

```
        var s = new Student("张三", 21, "男");
        alert(s.name + " " + s.age + " " + s.sex);
    </script>
```

页面文件 h4_6_2.html 在 Chrome 浏览器中执行后，显示的效果如图 4-6-2 所示。

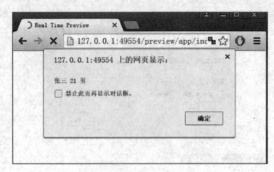

图 4-6-2　页面文件 h4_6_2.html 在浏览器中执行的效果

【案例实践】新建一个页面，定义一个名字为 student 的构造函数。使用 prototype 来对对象进行信息访问，并用对话框的方式展示出相应的属性值。

【扩展知识】在 JavaScript 中对象都是拥有 prototype 属性的，但是对象的 prototype 可以理解成是对象类型原型的引用。prototype 和继承不能混为一谈。

4.7　this 对象

在使用 this 对象时，可以灵活运用 JavaScript 的语法，对函数或变量的操作可以更灵活。本节我们学习如何用 this 对函数进行调用，以及如何用 this 对构造函数进行调用。

1. 函数的调用

【技能目标】掌握通过 this 对函数进行调用的方法，了解函数调用在 JavaScript 中的作用，学习在 JavaScript 代码内调用函数使用的技巧。

【语法格式】

```
this.x
```

【格式说明】通过关键字 this 加点来调用内容。如果 this 绑定到外层函数对应的对象，函数也可以直接被调用。可以通过清单 4-7-1 所示代码来说明。

【案例演示】需求：定义点 x、y，定义方法为 moveTo，要求在调用 moveTo 时传入点 x、y 的坐标，并显示坐标值。根据上述功能，新建一个名称为 h4_7_1.html 的文件，在页面中加入如清单 4-7-1 所示的代码。

清单 4-7-1　页面文件 h4_7_1.html 的源文件

```
<script type="text/javascript">
    var point = {
        x: 0,
        y: 0,
        moveTo: function (x, y) {
            var thiz = this;
```

```
        var moveX = function (x) {
            thiz.x = x;
        };
        var moveY = function (y) {
            thiz.y = y;
        };
        moveX(x);
        moveY(y);
    }
    };
    point.moveTo(2, 1);
    alert(point.x + " " + point.y);
</script>
```

页面文件 h4_7_1.html 在 Chrome 浏览器中执行后，显示的效果如图 4-7-1 所示。

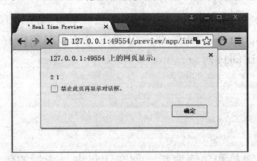

图 4-7-1　页面文件 h4_7_1.html 在浏览器中执行的效果

【案例实践】新建一个页面，用 this 的方式调用变量，然后通过函数的返回值输出调用的结果。

【扩展知识】在 JavaScript 中，this 可以基于函数的执行环境而使用，但是在全局函数内，也可以说 this 相当于 window 的概念，这就涉及了闭包的概念。

2．构造函数调用

【技能目标】掌握在声明构造函数时 this 的调用方式，了解在构造函数定义时 this 调用的作用，学习在定义构造函数时 this 调用的技巧。

【语法格式】

```
this.x
```

【格式说明】通过 this 加点的方式调用。在定义构造函数时，就可以利用 this 对变量进行赋值操作。下面我们可以通过清单 4-7-2 来说明。

【案例演示】需求：定义一个构造函数，为 x、y 赋值，并输出该值。根据上述功能，新建一个名称为 h4_7_2.html 的文件，在页面中加入如清单 4-7-2 所示的代码。

清单 4-7-2　页面文件 h4_7_2.html 的源文件

```
<script type="text/javascript">
    function Point(x, y) {
        this.x = x;
        this.y = y;
    }
    var p1 = new Point(3, 1);
    alert("x、y 点分别是： " + p1.x + "," + p1.y);
</script>
```

页面文件 h4_7_2.html 在 Chrome 浏览器中执行后，显示的效果如图 4-7-2 所示。

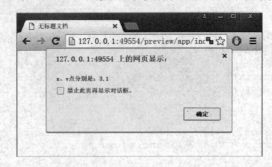

图 4-7-2　页面文件 h4_7_2.html 在浏览器中执行的效果

【案例实践】新建一个页面，定义一个函数，通过 this 调用方式返回调用的结果。

【扩展知识】在 JavaScript 中，让外部作用域内的 this 对象保存在闭包内能够访问到的变量内，也可以通过闭包来访问该对象。

4.8　闭包

变量可以定义成全局变量和局部变量。但在闭包内，变量的作用域及如何调用局部变量就是个有技术含量的操作。本节我们学习在闭包内、变量的作用域及在外部如何读取局部变量。

1. 变量的作用域

【技能目标】掌握在闭包函数内变量的作用域，了解闭包函数在 JavaScript 中的作用，学习闭包函数在 JavaScript 中的使用技巧。

【语法格式】

```
var a;
function b(){
    var c;
}
```

【格式说明】可以访问函数作用域中变量的函数。c 变量的作用域局限在函数 b 中，而 a 变量的作用域既可在全局又可在函数 b 中访问到。

【案例演示】需求：定义一个闭包，要求输入 "Hello JavaScript!"。根据上述功能，新建一个名称为 h4_8_1.html 的文件，在页面中加入如清单 4-8-1 所示的代码。

清单 4-8-1　页面文件 h4_8_1.html 的源文件

```
<script type="text/javascript">
    var sayHello = function () {
        return function () {
            alert("Hello JavaScript!");
        }
    };
    var hello = new sayHello();
    hello();
</script>
```

页面文件 h4_8_1.html 在 Chrome 浏览器中执行后，显示的效果如图 4-8-1 所示。

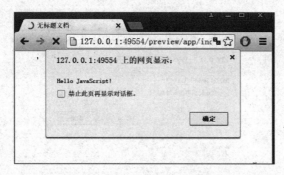

图 4-8-1　页面文件 h4_8_1.html 在浏览器中执行的效果

【案例实践】新建一个页面，定义一个函数，内部定义一个变量。在函数的外部，尝试调用函数内部的变量，看看能否调用到变量的值。

【扩展知识】在 JavaScript 中，虽然变量的作用域分为局部和全局的作用域，但也可以通过延长作用域链的方式，来延长变量作用的时间。

2. 外部读取局部变量

【技能目标】掌握在定义闭包函数内的局部变量后，如何在外部读取变量，了解在 JavaScript 中外部读取局部变量的技巧。

【语法格式】

```
function funcName1() {
    function funcName2() {}
    return funcName2;
}
```

【格式说明】将 funcName2 作为返回值，就可以在 funcName1 外部读取它内部的变量。

【案例演示】需求：定义一个闭包函数，要求在函数的外部访问到内部的变量。根据上述功能，新建一个名称为 h4_8_2.html 的文件，在页面中加入如清单 4-8-2 所示的代码。

清单 4-8-2　页面文件 h4_8_2.html 的源文件

```
<script type="text/javascript">
    function Hello() {
        var str = "Hello JavaScript!";
        function returnStr () {
            alert(str);
        }
        return returnStr;
    }
    var result = Hello();
    result();
</script>
```

页面文件 h4_8_2.html 在 Chrome 浏览器中执行后，显示的效果如图 4-8-2 所示。

【案例实践】新建一个页面，定义一个函数，内部定义一个局部变量。要求在函数的外部调用这个局部变量，并且将调用的结果输出在控制台内。

【扩展知识】在实际开发中，虽然外部可以读取局部变量，但是为了程序的稳定性与合理的逻辑性，应避免过多的"跨界"访问，否则会给其他维护人员带来不必要的麻烦。所以不到万不得已，开发者应尽量减少外部读取局部变量情况的发生。

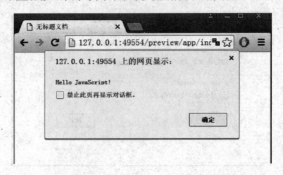

图 4-8-2　页面文件 h4_8_2.html 在浏览器中执行的效果

4.9　异常处理

通过 Error 的构造器可以创建一个错误对象。当运行时错误产生时，Error 的实例对象会被抛出。Error 对象可用于用户自定义的异常的基础对象。

1. 异常类型

【技能目标】JavaScript 有许多异常的构造函数，通用异常 Error 对象可用于用户自定义的异常。掌握异常类型 Error 对象的使用。

【语法格式】

```
new Error(message,fileName,lineNumber);
```

【格式说明】创建 Error 对象，有三个参数：message 可选，错误的描述性信息；fileName 可选，错误代码所在文件的名字；lineNumber 可选，错误代码所在文件的行号。

【案例演示】需求：使用 Error 的构造器创建一个错误对象，并打印该对象。根据上述功能，新建一个名称为 h4_9_1.html 的文件，在页面中加入如清单 4-9-1 所示的代码。

清单 4-9-1　页面文件 h4_9_1.html 的源文件

```
<!DOCTYPE html>
<html lang="en">
<head>
    <meta charset="UTF-8">
    <title>Title</title>
</head>
<body>
<script>
    var e = new Error();
    console.log(e);
</script>
</body>
</html>
```

页面文件 h4_9_1.html 在 Chrome 浏览器中执行后，显示的效果如图 4-9-1 所示。

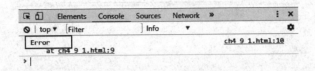

图 4-9-1　页面文件 h4_9_1.html 在浏览器中执行的效果

【案例实践】使用 Error 的构造器创建一个错误对象，传入三个可选参数，并打印该对象。

【扩展知识】JavaScript 还有一些其他类型的错误构造函数：

（1）EvalError 创建一个 error 实例，表示与 eval() 有关。

（2）RangeError 创建一个 error 实例，表示数值变量或参数超出其有效范围。

（3）ReferenceError 创建一个 error 实例，表示无效引用。

（4）SyntaxError 创建一个 error 实例，表示 eval()在解析代码的过程中发生的语法错误。

2．使用 try...catch...finally 语句处理异常

【技能目标】通常会使用 throw 关键字来抛出用户创建的 Error 对象，可以使用 try...catch 结构来处理异常。掌握通过 throw 处理异常的方法。

【语法格式】

```
try {
    throw
} catch (e) {}
```

【格式说明】try...catch 结构分别有自己的代码体，try 内部通过 throw 抛出自定义的 Error 对象；catch 内部返回 e 对象，该对象中存储了异常信息。

【案例演示】需求：自定义 Error 对象，并使用 try...catch 处理异常。根据上述功能，新建一个名称为 h4_9_2.html 的文件，在页面中加入如清单 4-9-2 所示的代码。

清单 4-9-2　页面文件 h4_9_2.html 的源文件

```
<!DOCTYPE html>
<html lang="en">
<head>
    <meta charset="UTF-8">
    <title>Title</title>
</head>
<body>
<script>
    try{
      throw new Error('错误');
    }catch (e){
      console.log(e.name);
      console.log(e.message);
    }
```

```
</script>
</body>
</html>
```

页面文件 h4_9_2.html 在 Chrome 浏览器中执行后，显示的效果如图 4-9-2 所示。

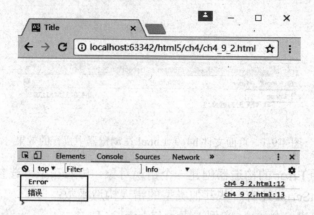

图 4-9-2   页面文件 h4_9_2.html 在浏览器中执行的效果

【案例实践】自定义上面扩展的 Error 对象，并使用 try...catch 处理异常。

【扩展知识】处理异常的完整语句是 try...catch...finally。catch 和 finally 语句都是可选的，但在使用 try 语句时必须至少使用一个。finally 语句在 try 和 catch 之后，无论有无异常都会执行。

4.10 JS 和 CSS 文件的压缩

在当今 Web 开发中，从服务器传输数据到浏览器中的带宽数据越来越丰富，所以相应的 JS 及 CSS 代码量也越来越大，对于数据压缩的需求也变得尤为重要。本节我们来学习如何对文件进行压缩，以及在运用压缩技术的同时需要注意的事项。

1. 文件压缩的作用

对于开发者来讲，不需要关注关键代码之外的信息，诸如空格、换行符、空行等信息。JS 代码在网络传输过程中，这些信息是起不到任何作用的。所以在进行网络传输时，可以去掉这些多余字节，节省传输字节量。

一般情况下可以对以下几个方面进行数据删减：

（1）删除多余注释；

（2）删除多余空行、换行；

（3）变量名的缩短。

这些操作可以手动进行，但是过多的代码对于开发者而言也是一个不小的工作量。好在雅虎为我们提供了很好的压缩工具：YUI 工具包。

YUI 采用 Java 语言开发，其 GitHub 地址为：https://github.com/yui/yuicompressor。

YUI 工具在 GitHub 网址上的部分截图如图 4-10-1 所示。

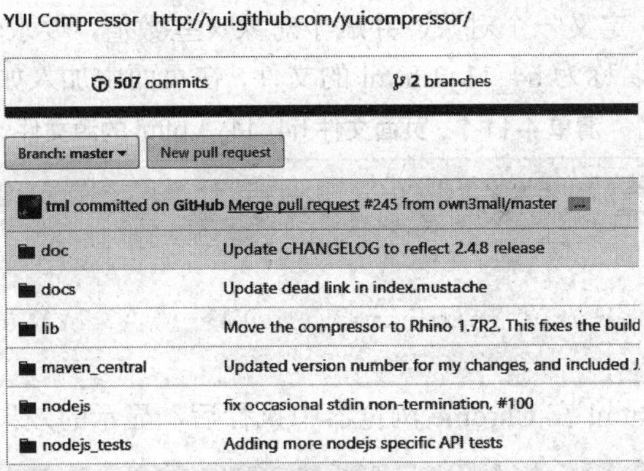

YUI Compressor http://yui.github.com/yuicompressor/

图 4-10-1 YUI 工具在 GitHub 网址上的部分截图

可以使用命令行方式进行文件压缩。

压缩 JS 文件：

```
java -jar yuicompressor-x.x.x.jar
--type js --charset utf-8 -v [源 js 文件] > [目标 js 文件]
```

压缩 CSS 文件：

```
java -jar yuicompressor-x.x.x.jar
--type css --charset utf-8 -v [源 CSS 文件] >
[目标 CSS 文件]
```

2．压缩注意事项

因为 YUI 工具是用 Java 语言开发的，故拥有 Java 环境是必要的。使用 YUI 的注意事项如下：

（1）YUI 工具需要 JDK 至少为 1.4 版本以上，需配置 JAVA_HOME 环境。

（2）JS 或 CSS 文件编码必须是 GB 2312、GBK 或 GB 18030。如需要 UTF-8 格式支持，需在 compressor.cmd 中更换 GB 18030 为 UTF-8。

（3）在文件中如有中文，需运用 native2ascii 工具，将中文转换成定制的编码文字内容。

4.11 内置对象

在 JavaScript 中，有很多已经内置的对象供开发者使用，可以给开发者提供更多的函数操作，为开发节省大量时间。本节我们会学习内置对象中的 Object 对象和 String 对象。

1．Object 对象

【技能目标】掌握 JavaScript 中 Object 内置对象的使用，了解内置对象在 JavaScript 中的作用，学习在 JavaScript 中内置对象在使用时的技巧。

【语法格式】

```
var a = new A();
```

【格式说明】用关键字 new 的方式来对内置对象声明一个变量。比如，这里 A 可以声明为 Object 类型的内置对象，a 即为声明后的 Object 类型的对象。

【案例演示】需求：定义一个对象，并赋予对象一些数值，要求输出这些对象的数值。根据上述功能，新建一个名称为 h4_11_1.html 的文件，在页面中加入如清单 4-11-1 所示的代码。

清单 4-11-1　页面文件 h4_11_1.html 的源文件

```
<script type="text/javascript">
    var info = new Object();
    info.name = "张三";
    info.age = 12;
    alert("姓名: " + info.name + ",年龄: " + info.age);
</script>
```

页面文件 h4_11_1.html 在 Chrome 浏览器中执行后，显示的效果如图 4-11-1 所示。

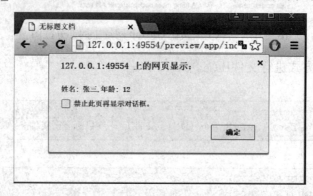

图 4-11-1　页面文件 h4_11_1.html 在浏览器中执行的效果

【案例实践】新建一个页面，用 Object 内置对象创建一个动物的信息，要求包含动物的名字、动物的叫声、动物的年龄信息，并且通过对象调用的方式，将信息输出在控制台中。

【扩展知识】创建 Object 实例的方式，var obj = new Object()也可等同于 var param = {}。这里只局限于在 new Object 时没有传入参数的情况。当传入参数为 Number 类型，返回 Number 类型时，这等同于 new Number()的操作。

2．String 对象

【技能目标】掌握 JavaScript 中 String 内置对象的使用，了解 String 内置对象在 JavaScript 中的作用，学习 String 内置对象的使用技巧。

【语法格式】

```
var param = new String("");
```

【格式说明】JavaScript 中，String 内置对象为字符串对象的包装类型，可以用 new 构造方法的声明方式创建字符串对象。

【案例演示】需求：用 String 内置对象定义一段字符串，并输出对象值，同时输出字符串的长度。根据上述功能，新建一个名称为 h4_11_2.html 的文件，在页面中加入如清单 4-11-2 所示的代码。

清单 4-11-2　页面文件 h4_11_2.html 的源文件

```
<script type="text/javascript">
    var helloStr = new String("Hello JavaScript!");
    alert(helloStr + ", 长度: " + helloStr.length);
</script>
```

页面文件 h4_11_2.html 在 Chrome 浏览器中执行后，显示的效果如图 4-11-2 所示。

图 4-11-2　页面文件 h4_11_2.html 在浏览器中执行的效果

【案例实践】新建一个页面，要求通过 String 内置对象，在控制台内输出"你好"。

【扩展知识】在 JavaScript 中，String 类型的内置对象其实是字符串对象的包装类型，而像清单 4-11-2 中声明一段字符串，实际等同于 var a = "abc"；清单 4-11-2 只是调用了 String 的构造函数的方式创建的字符串对象信息。

更多相关的内容，请扫描下列二维码，通过微课程详细了解。

4.12　面向对象——遛狗

在开发过程中，有时需要表示相对比较复杂的事物，这时就必须使用面向对象开发。本节我们构造人和狗两个对象，并且通过属性让这两个对象产生关联关系，实现一个遛狗的功能。接下来就来详细地介绍这个项目。

【任务描述】通过使用本节学习的面向对象构建两个对象，一个包含姓名、年龄、狗等属性；另一个包含姓名、品种等属性，它们分别有自己的行为方法。要求让两个对象产生关联。

【页面结构】根据上述功能，新建一个名称为 index.html 的文件，在页面中加入如清单 4-12-1 所示的代码。

清单 4-12-1　页面文件 index.html 的源文件

```
function Dog(name,brand) {
    this.name = name;
    this.brand = brand;
    this.wang = function () {
        alert('汪 汪 汪');
    }
}
function Person(name,age,dog) {
    this.name = name;
    this.age = age;
    this.dog = dog;
    this.play = function () {
        alert(this.name+'和狗一起玩');
        this.dog.wang();
```

```
        }
    }
    var d = new Dog('旺财','哈士奇');
    var p = new Person('小明',12,d);
    p.play();
```

【页面布局】页面文件 index.html 在 Chrome 浏览器中执行后，显示的效果如图 4-12-1 和图 4-12-2 所示。

图 4-12-1　页面文件 index.html 在浏览器中执行的效果（1）

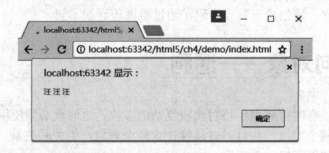

图 4-12-2　页面文件 index.html 在浏览器中执行的效果（2）

【源码分析】代码中通过两个构造函数构建两个对象，通过 Person 的 dog 属性使两个对象产生关联。在 Person 的方法调用时通过 this 关键字使用 dog 的属性。

第 5 章

JavaScript 对象模型

本章学习目标:

◆ 了解 JavaScript 对象模型的基本概念。

◆ 理解 Core DOM 核心对象模型。

◆ 了解 HTML Tag DOM 标签对象模型。

◆ 掌握 Event DOM 事件对象模型。

5.1　BOM 浏览器对象模型

为了方便在代码中管理操作窗口浏览器对象,HTML 提出了浏览器对象模型(Browser Object Model),将浏览器拆解成五个对象,包括 Window 对象、Navigator 对象、Screen 对象、History 对象和 Location 对象,这些对象都是浏览器引擎为我们创建好的默认对象。

1.Window 对象

【技能目标】Window 对象是 JavaScript 层级中的顶层对象,可以通过该对象访问其他四个对象。Window 对象代表一个浏览器窗口或一个框架,会在\<body>或\<frameset>每次出现时被自动创建,下面通过学习掌握 Window 对象的常用方法。

【语法格式】

```
1.window.open(URL,name,features,replace)
2.window.close()
3.confirm(message)
```

【格式说明】其中 open 方法常用于打开一个新的网页链接地址;close 方法只能关闭由 open 方法打开的窗口;confirm 方法通常用于弹出确认对话框,由用户决定"确定"或"取消"。

【案例演示】需求:在测试页面 bom_1.html 通过 open 跳转到一个新的页面 bom_2.html,并在 bom_2.html 中给出一个按钮,当点击当前按钮时将当前页面 bom_2.html 关闭。在关闭之前会弹出确认框提示用户是否真的关闭,如果用户确认关闭则关闭,否则不做任何处理。根据上述功能,新建一个名称为 bom_1.html 的文件,在页面中加入如清单 5-1-1 所示的代码。

清单 5-1-1　页面文件 bom_1.html 的源文件

```
<!doctype html>
<html>
<head>
<meta charset="utf-8">
<title>window</title>
```

```
<script>
   function  open(){
       //打开新的网页
       window.open("bom_2.html");
   }
</script>
</head>
<body>
   <input type="button" value="点击打开新的网页"
       onclick="_open()"/>
</body>
</html>
```

在上述代码清单中，需要打开一个名称为"bom_2"的页面，它的功能是：在关闭时，询问是否要关闭页面。新建一个名称为 bom_2.html 的文件，在页面中加入如清单 5-1-2 所示的代码。

清单 5-1-2　页面文件 bom_2.html 的源文件

```
<!doctype html>
<html>
<head>
<meta charset="utf-8">
<title>window</title>
<script>
   function _close(){
       //confirm弹出确认框
       var flag = window.confirm("你确认关闭当前的网页吗?");
       if(flag){
       //关闭
       window.close();
       }
   }
</script>
</head>
<body>
   <input type="button" value="点击关闭当前网页" onClick="_close()"/>
</body>
</html>
```

页面文件 bom_1.html 在 Chrome 浏览器中执行后，显示效果如图 5-1-1 所示。

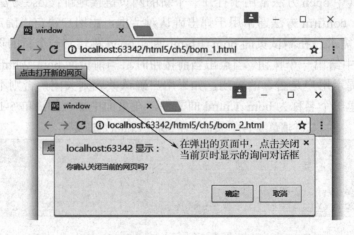

图 5-1-1　页面文件 bom_1.html 在浏览器中执行的效果

【案例实践】创建一个网页并提供一个点击按钮，当用户点击时则跳转到一个新的网页，在新网页中点击关闭页面按钮会弹出确认按钮，用户点击确定再将新网页关闭。

【扩展知识】在 Window 对象中除了 open、close、confirm 等常用方法外，还有以下方法值得大家学习，其他方法如表 5-1-1 所示。

表 5-1-1　jQuery Mobile 中的其他事件

方　法　名	说　　明
setTimeout(code,millisec)	指定经过 millisec（毫秒）时间执行 code 代码
setInterval(code,millisec)	每隔 millisec 时间执行 code 代码
clearInterval(id_of_setinterval)	取消计时器，这里的 id_of_setinterval 值是 setInterval 方法的返回值

2. Navigator 对象

【技能目标】通过 Navigator 对象可以获取浏览器相关的信息，如版本、名称、语言等。

【语法格式】

```
1.navigator.appName
2.navigator.appVersion
3.navigator.browserLanguage
```

【格式说明】Navigator 是指的浏览器对象，通过获取对象的属性信息来获取当前的浏览器的各个不同的信息。如以上语法格式中，appName 用于获取浏览器的名称；appVersion 用于获取浏览器版本信息；browserLanguage 用于返回当前浏览器的语言。

【案例演示】需求：使用 Navigator 浏览器对象获取当前浏览器的名称、版本信息和当前浏览器的语言信息，并将其信息内容使用 document 对象的 write 方法输出在网页上。根据上述功能，新建一个名称为 bom_3.html 的文件，在页面中加入如清单 5-1-3 所示的代码。

清单 5-1-3　页面文件 bom_3.html 的源文件

```
<!doctype html>
<html>
<head>
<meta charset="utf-8">
<title>navigation</title>
    <script type="text/javascript">
        document.write("名称"+navigator.appName);
        document.write("<br/>");
        document.write("版本"+navigator.appVersion);
        document.write("<br/>");
        document.write("语言"+navigator.browserLanguage);
    </script>
</head>
<body>
</body>
</html>
```

页面文件 bom_3.html 在 Chrome 浏览器中执行后，显示的效果如图 5-1-2 所示。

【案例实践】在浏览器窗口生成一个按钮，当用户点击该按钮时，打开一个新的浏览器窗口，并将浏览器的名称、版本信息和语言信息输出在新浏览器窗口的网页上。

【扩展知识】根据 W3Cschool 中查看 api 发现 Navigator 还含有其他属性，比如 appMinorVersion 属性可返回浏览器的次要版本；platform 属性是一个只读的字符串，声明了运行浏览器的操作系统和（或）硬件平台；systemLanguage 属性可返回操作系统使用的默认语言。

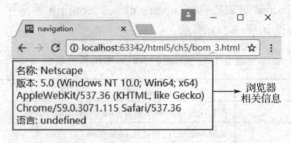

图 5-1-2　页面文件 bom_3.html 在浏览器中执行的效果

更多相关的内容，请扫描二维码，通过微课程详细了解。

5.2　Core DOM 核心对象模型

Core Dom 也称核心 DOM，定义了一套标准的针对任何结构化文档的对象，包括 HTML、XHTML 和 XML，将文档中的元素都看作一个个的对象，从而文档中的元素都可以被访问和处理，可以动态地更改文档内容。

1．DOM 对象的组成

DOM（Document Object Model，文档对象模型）是 HTML 文件或 XML 文件渲染和交互的 API（应用程序的编程接口）。DOM 是文档载入浏览器之后文档的模型，它用节点树的形式来表现文档，每个节点代表文档的构成部分。

DOM 是 Web 上使用最多的 API 之一，因为它允许运行在 Web 浏览器中的程序访问文件中的节点。节点可以被创建、移动或修改。

事件监听器可以被添加到节点上，一旦监听的事件发生，事件侦听器就会被触发。DOM 并不是浏览器出现时就规范好了，它是浏览器在实现 JavaScript 时才出现的。这个传统的 DOM 有时会被称为 DOM0。现在，W3C 领导着 DOM 规范，DOM 工作组正在制订第四版的规范。

W3C DOM 标准分为三种不同的部分：

（1）核心 DOM——针对任何结构化文档的标准模型。

（2）XML DOM——针对 XML 文档的标准模型。

（3）HTML DOM——针对 HTML 文档的标准模型。

2．Core DOM 对象的方法

【技能目标】掌握 DOM 对象在页面中的基本使用方法，初步理解该对象常用方法的功能，并能结合需求使用 DOM 对象获取页面节点。

【语法格式】

```
document.getElementById('id');
document.getElementsByClassName('class');
document.getElementsByTagName('tag');
```

【格式说明】DOM 对象用来获取页面节点的方式有三种，分别为通过 id 名、类名及标签名获取。比如通过 id 名获取节点，调用 getElementById ()方法，传入需要获取的节点的 id 值，

即可返回需要的节点。其他两种方式一样。

【案例演示】需求：点击按钮，使用 DOM 对象获取节点，并修改节点的文本内容。根据上述功能，新建一个名称为 h5_2_1.html 的文件，在页面中加入如清单 5-2-1 所示的代码。

清单 5-2-1　页面文件 h5_2_1.html 的源文件

```html
<!DOCTYPE html>
<html lang="en">
<head>
    <meta charset="UTF-8">
    <title>Title</title>
</head>
<body>
<div>
    <h3 id="count">1</h3>
    <button id="btn">增加</button>
    <script type='text/javascript'>
        var btn = document.getElementById('btn');
        var count = document.getElementById('count');
        btn.onclick = function () {
            var a = count.innerText-0;
            a++;
            count.innerText = a;
        }
    </script>
</div>
</body>
</html>
```

页面文件 h5_2_1.html 在 Chrome 浏览器中执行后，显示的效果如图 5-2-1 所示。

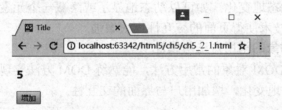

图 5-2-1　页面文件 h5_2_1.html 在浏览器中执行的效果

【案例实践】新建一个页面，添加一个<button>标签，通过点击按钮，设置某个标签内容递减。

【扩展知识】在核心 DOM 中，除了获取节点和设置节点的方法外，还拥有下列其他实用的方法，如创建节点 createElement()、复制节点 cloneNode()、插入节点 appendChild()、删除节点 removeChild()、替换节点 replaceChild()、设置节点属性 setAttribute()等。

5.3　HTML Tag DOM 标签对象模型

HTML DOM 的全称为 Document Object Model for HTML，实际上是 HTML 中 JS 在实现了 Core DOM 的基础之上为 HTML 中的标签对象提供的一些特殊方法和属性，使得采用 DOM 操作 HTML 网页更加容易，是 Core DOM 基础上的拓展。

1．HTML DOM 模型结构树

在 HTML 文档中的每一个标签或元素都被看成一个节点，叫作元素节点，该标签或元素上的属性和文本信息被分成属性节点和文本节点，只有元素节点才有子节点，节点与节点之间按照层级关系分兄弟节点和父子节点。DOM 对象的树形结构如图 5-3-1 所示。

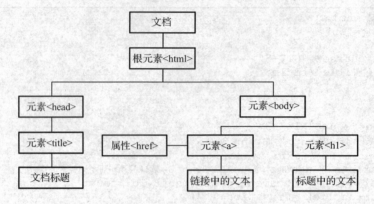

图 5-3-1　DOM 对象的树形结构

元素节点、文本节点和属性节点都属于节点，节点都具有一些相同的属性。nodeName 为节点名，元素的节点名为标签名，属性节点的节点名为属性名。nodeValue 为节点值，文本节点 nodeValue 包括文本，属性节点 nodeValue 包含属性值，对于元素节点，nodeValue 不可用。nodeType 为节点类型，文本节点的类型为 3，属性节点的类型为 2，元素节点的类型为 1。

DOM 可以以一种独立于平台和语言的方式访问和修改一个文档的内容和结构。DOM 技术使得用户页面可以动态地变化，如可以动态地显示或隐藏一个元素，改变它们的属性，增加一个元素等，DOM 技术使得页面的交互性大大增强。

2．HTML DOM 对象的常用方法与属性

【技能目标】掌握 DOM 对象的常用方法，能熟练 DOM 方法实现对 HTML 元素的操作，使得用户页面可以动态地变化，增加用户与界面的交互性。

【语法格式】

```
<script type='text/javascript'>
    var d = document.getElementById("id");
    d.value = "Hello";
</script>
```

【格式说明】以上语法格式中，使用 document 对象中的 getElementById 方法可以获取"id"属性值对应元素的 DOM 对象，使用 DOM 的 value 属性可以为其赋值。

【案例演示】需求：在页面中添加一个按钮和一个文本输入框架，当用户点击按钮时，获取文本框 DOM 对象，并在文本框中填写"Hello World！"。根据上述功能，新建一个名称为 dom_1.html 的文件，在页面中加入如清单 5-3-1 所示的代码。

清单 5-3-1　页面文件 dom_1.html 的源文件

```
<!doctype html>
<html>
<head>
<meta charset="utf-8">
<title>navigation</title>
```

```
    <script type="text/javascript">
        function hello(){
            var d = document.getElementById("info");
            d.value = "Hello World!";
        }
    </script>
</head>
<body>
    <input type="button" onclick="hello()" value="点击" />
    <input id="info" type="text" />
</body>
</html>
```

页面文件 dom_1.html 在 Chrome 浏览器中执行后，显示的效果如图 5-3-2 所示。

图 5-3-2　页面文件 dom_1.html 在浏览器中执行的效果

【案例实践】在上述页面中添加另一个"改变"按钮，当用户点击"改变"按钮时，使用 document 对象再次获取文本输入框 DOM 对象，并将文本输入框中的内容更新为"Thank You!"。

【扩展知识】在页面中使用 JavaScript 脚本语言获取 DOM 的方法不只有 getElementById，还可以使用 getElementByName 方法获取同名的多个元素封装的 DOM 对象。DOM 对象除 value 属性外，还可以使用 innerHTML 属性获取或改变 DOM 元素内容。

5.4　Event DOM 事件对象模型

什么是 DOM？它指的是文档对象模型（DOM），本质上来说，它是表示文档（比如 HTML 和 XML）和访问、操作构成文档的各种元素的应用程序接口（API）。一般来说，支持 JavaScript 的所有浏览器都支持 DOM，它包括事件分类和绑定事件处理器两部分内容。

1. 事件分类

HTML 元素事件是浏览器内自动产生的，当有对应的事件发生时，HTML 元素发出各种事件，如 click、onmouseover、onmouseout 等。我们可以为指定的标签元素订阅这些事件，并绑定相关的函数，当这些事件发生时处理相关的业务逻辑，可提高页面的交互性。而在 DOM 中已为用户定义好了常用事件，查看 API 文档即可，如表 5-4-1 所示。

表 5-4-1　jQuery Mobile 中的其他事件

属　性	以下情况出现此事件
onabort	图像加载被中断
onblur	元素失去焦点
onchange	用户改变域的内容
onclick	鼠标点击某个对象
ondblclick	鼠标双击某个对象
onerror	当加载文档或图像时发生某个错误
onfocus	元素获得焦点
onkeydown	某个键盘的键被按下
onkeypress	某个键盘的键被按下或按住
onkeyup	某个键盘的键被松开
onload	某个页面或图像被完成加载
onmousedown	某个鼠标按键被按下
onmousemove	鼠标被移动
onmouseout	鼠标从某元素移开
onmouseover	鼠标被移到某元素之上
onmouseup	某个鼠标按键被松开
onreset	重置按钮被点击
onresize	窗口或框架被调整尺寸
onselect	文本被选定
onsubmit	提交按钮被点击
onunload	用户退出页面

当一个 HTML 元素产生一个事件时，该事件会在元素节点与根节点之间的路径传播，路径所经过的节点都会收到该事件，这个传播过程可称为 DOM 事件流。

（1）事件冒泡：事件从发生的目标最内层开始触发，向上触发到最外部和事件执行的现象称为事件冒泡现象。

（2）事件捕获：事件捕获正好与冒泡相反。它的事件触发顺序是从最外层的对象（document 对象）到最里层的对象。

2．绑定事件处理器

【技能目标】掌握如何绑定事件处理器，能熟练使用 JavaScript 实现事件处理程序，最终将用户的操作转换为页面效果，提高用户的交互体验。

【语法格式】

```
//省略头部元素代码
<body>
<div id="div">我是 div 区域</div>
<script type="text/javascript">
    var divNode = document.getElementById("div");
    divNode.onclick = function(){
```

```
        alert("我被点击了");
        };
    </script>
    </body>
```

【格式说明】使用 document 对象中的 getElementById 方法获取页面中的 DOM 对象，使用 DOM 对象的 onclick 属性为其添加点击事件，当用户操作为点击<div>区域时，事件处理程序则会被执行，并在页面中使用 alert 弹出窗口，显示"我被点击了"。

【案例演示】需求：当使用浏览器打开页面时，页面在浏览器中加载完毕，则向<div>事件源添加了点击事件，用户在<div>区域做点击操作时，浏览器会弹出提示框，输出"你好"。根据上述功能，新建一个名称为 event_1.html 的文件，在页面中加入如清单 5-4-1 所示的代码。

清单 5-4-1　页面文件 event_1.html 的源文件

```
<!doctype html>
<html>
<head>
<meta charset="utf-8">
<title>事件</title>
    <script type="text/javascript">
        function showInfo(){
            alert("你好");
        }
        window.onload = function(){
            var div = document.getElementById("div");
            if(document.addEventListener){
                div.addEventListener("click",showInfo,true);
            }else if(document.attachEvent){
            div.attachEvent("onclick",showInfo);
            }
        }
    </script>
</head>
<body>
    <div id="div">我是 div 区域</div>
</body>
</html>
```

页面文件 event_1.html 在 Chrome 浏览器中执行后，显示效果如图 5-4-1 所示。

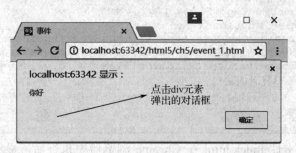

图 5-4-1　页面文件 event_1.html 在浏览器中执行的效果

【案例实践】实现用户登录页面，页面中包含用户名、密码、登录按钮和重置按钮，当用户没有填写用户名直接点击操作按钮时，触发相应的事件，并在事件处理程序中提示用户输入用户名。

【扩展知识】比如事件在其中发生的元素、键盘按键的状态、鼠标的位置、鼠标按钮的状态。事件通常与函数结合使用，函数不会在事件发生前被执行。

更多相关的内容，请扫描下列二维码，通过微课程详细了解。

5.5　网站登录

登录是全部线上平台都拥有的功能模块。该功能通过 HTML 和 CSS 实现界面效果。交互功能的实现依赖于前端开发中的 DOM 与事件。本节通过使用 DOM 节点的获取和 DOM 事件的添加实现一个简单的登录功能。接下来就来详细介绍这个项目。

【任务描述】通过使用本节学习的 DOM 与事件，实现一个简单的登录功能，包括界面搭建、样式设置、节点获取、添加事件几个步骤。要求比对数据后弹出结果。

【页面结构】根据上述功能，新建一个名称为 index.html 的文件，在页面中加入如清单 5-5-1 所示的代码。

清单 5-5-1　页面文件 index.html 的源文件

```
//核心代码如下
<div class="box">
    <h3>QQ 登录</h3>
    <div>
        <label for="username">账号：</label>
        <input type="text" id="username">
    </div>
    <div>
        <label for="username">密码：</label>
        <input type="password" id="password">
    </div>
    <div align="center">
        <button id="btn">登录</button>
        <input type="reset" value="取消" />
    </div>
    <div class="tip">忘记密码?</div>
</div>
<script>
    var btn = document.getElementById('btn');
    btn.onclick = function () {
        var username = document.getElementById('username');
        var password = document.getElementById('password');
        if (username.value=='xiaoming'&&password.value=='123'){
            alert('登录成功');
        }
    }
</script>
```

【页面布局】页面文件 index.html 在 Chrome 浏览器中执行后，显示的效果如图 5-5-1 和图 5-5-2 所示。

【源码分析】代码中通过 id 选择器获取账号和密码节点。在按钮的点击事件中通过节点的 value 属性获取账号和密码的值，并和默认数据比较，根据结果弹出提示信息。

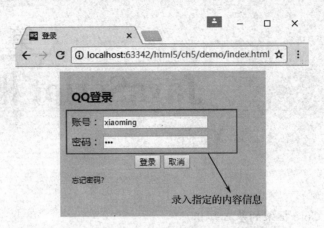

图 5-5-1　页面文件 index.html 在浏览器中执行的效果（1）

图 5-5-2　页面文件 index.html 在浏览器中执行的效果（2）

第 6 章

JavaScript 框架

本章学习目标：
- ◆ 了解 jQuery Core 框架的基础知识。
- ◆ 理解 jQuery UI 框架的使用和工作原理。
- ◆ 了解 jQuery Mobile 的基础知识与组件的应用。
- ◆ 掌握 Easy UI 框架的基础知识与部件的应用。
- ◆ 掌握 Bootstrap 框架的环境搭建与组件的应用。

6.1 jQuery Core

jQuery Core 是 jQuery 框架的核心内容，在该内容中包含了基础的使用方法，而这些方法为后续其他方法的操作提供了最为重要的基础保障。因此，只有理解并掌握了 jQuery Core 中包含的内容，才能更好地理解 jQuery 框架的内核方法与工作原理。

1. jQuery Core 简介

严格来说，jQuery 真正核心的代码区是 jQuery Core，之所以说它是核心区，是由于它定义了 jQuery 的构造函数，并通过 extend 方法来拓展 jQuery 对象，形成各类功能强大的 jQuery 组件。概括而言，它由下面几部分内容组成。

（1）jQuery 对象的构造函数。在 jQuery Core 中，定义了 jQuery 对象的构造函数，而该函数实际上是一个回调函数，它返回的是 new jQuery.fn.init（selector，context，rootjQuery），因此，jQuery 对象的本质是返回 jQuery.fn.init 函数的实例化对象，它的代码片段如图 6-1-1 所示。

```
jQuery = function( selector, context ) {
    // The jQuery object is actually just the init constructor 'enhanced'
    return new jQuery.fn.init( selector, context, rootjQuery );
}
```

图 6-1-1　jQuery Core 内容中的构造函数

（2）jQuery 对象的原型。在 jQuery Core 中，除了定义 jQurey 对象的构造函数外，还创建了对象的原型，即 jQuery.fn，如图 6-1-2 所示。因此，根据这个构建方式，在 jQuery 中定义的任何方法和属性，都可以在 jQuery 对象中直接调用，自定义组件中方法的调用依据的就是这一点。

```
jQuery.fn = jQuery.prototype = jQuery.fn.init.prototype
jQuery.constructor = jQuery
 //jquery对象是jQuery.fn.init的实例
jQuery.fn = jQuery.prototype = {      //
 // The current version of jQuery being used
    jquery: version,
    //构造函数
    constructor: jQuery,
    init: function( selector, context, rootjQuery ) {

}
```

图 6-1-2　jQuery Core 内容中的对象原型

（3）extend 方法。在 jQuery Core 中，还提供了一种自定义组件的方法，该方法的具体格式为：

```
function extend([boolean deep], target, [obj1], [obj2] …)
```

在该方法中，有一个参数是可选的，表示是否 deepcopy，可以有多个对象。如果只有一个对象，则将这个对象的属性与方法添加到 jQuery.fn 上；如果有多个对象，则先将第二个和第二个之后的对象中的属性与方法增加到第一个对象中，实现自定义插件的功能。

2．jQuery 构造函数

在 jQuery Core 中，构造函数是它的一个重要组成部分，很多 jQuery 的功能都是由它来实现的，如功能强大的选择器。而在函数的内部，每次调用构造函数时，都会实例化一个 jQuery 对象，正因为如此，在编写 jQuery 代码时，需要注意其写法。

（1）错误写法。基于构造函数的特殊性，开发人员在编写时，不要经常去调用该函数，一次调用后，即保存在变量中，后续直接调用变量即可；此外，不要将获取的两个 jQuery 对象进行比较，如图 6-1-3 所示代码的写法是错误的。

（2）正确写法。在编写过程中，减少直接获取 jQuery 对象的次数，且尽量在每次获取时获取该对象，用于下次的使用。这样的方法不仅优化代码，而且加快执行的速度，如图 6-1-4 所示。

```
if(jQuery("#a1")===jQuery("#a2")){
    //code
}
if(jQuery(".b1").hasClass()){
    jQuery(".b1").removeClass();
}
```

```
var $a=jQuery("#a");
var $b=jQuery("#b");

$a.addClass("b").fadeOut();
$b.removeClass("b").fadeIn();
```

图 6-1-3　错误使用 jQuery 构造函数的写法　　　　图 6-1-4　正确使用 jQuery 函数写法

3．原型的属性和方法

【技能目标】理解 jQuery Core 内容中常见的原型属性与方法的应用原理，能熟练地调用元素中的属性与方法，并能合理地将原型的属性与方法运用到需求中。

【语法格式】

```
jQuery.fn=jQuery.prototype
//原型属性和方法
```

【格式说明】在 jQuery Core 内容中，原型的构造函数包括很多的属性与方法，只要是一个 jQuery 对象就可以调用这些属性与方法，它的内部代码如下所示。

```
jQuery.fn=jQuery.prototype={
    constructor:jQuery,
    init:function(){
        //代码区
    },
    //属性
    //方法
}
```

【案例演示】需求：调用原型中的属性获取列表指定某个元素，并调用方法修改元素的背景色与大小。根据上述功能，新建一个名称为 jqc_1.html 的文件，在页面中加入如清单 6-1-1 所示的代码。

清单 6-1-1　页面文件 jqc_1.html 的源文件

```
<!doctype html>
<html>
<head>
<meta charset="utf-8">
<title>示例一</title>
<script type="text/javascript"
    src="js/jquery-1.11.3.min.js">
</script>
</head>
<body>
    <ul>
        <li>A</li>
        <li>B</li>
        <li>C</li>
        <li>D</li>
    </ul>
    <script type="text/javascript">
        $(function(){
            var css={
                "width": "200px",
                "background": "blue",
                "color":"#fff"
            }
            $("li").eq(2).css(css);
        })
    </script>
</body>
</html>
```

页面文件 jqc_1.html 在 Chrome 浏览器中执行后，显示的效果如图 6-1-5 所示。

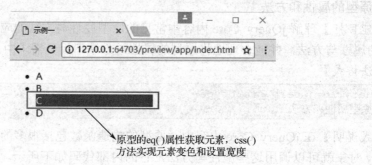

原型的eq( )属性获取元素，css( )
方法实现元素变色和设置宽度

图 6-1-5　页面文件 jqc_1.html 在浏览器中执行的效果

【案例实践】新建一个页面，增加一个列表<ul>和五个表项元素<li>，调用元素中的 each 属性，实现每个表项元素<li>事件的绑定，当单击某个表项元素时，显示该元素的索引号。

【扩展知识】jQuery Core 内容中，构造函数的原型属性与方法是整体内容中非常重要的组成部分，也是最为常用的功能，除上述介绍的属性与方法外，还有如表 6-1-1 所示的属性与方法。

表 6-1-1　jQuery Core 其他属性与方法

属性和方法名称	功 能 说 明
.size()	返回当前 jQuery 对象的个数
.toArray()	将当前转化成真正的数组对象
.ready(handler)	页面绑定 ready 事件
.slice()	获取指定范围内的元素集合

4．使用注意事项

由于 jQuery Core 是 jQuery 中的核心内容，开发人员只有理解了这些核心内容，才能在开发过程中使用正确的方式获取元素。在开发过程中，需要注意下列事项。

（1）减少重复使用$()方法获取相同的对象。由于每次调用$()方法都要初始化对象，因此，如果重复使用$()方法获取相同的对象，则在获取过程中，容易出现错乱，导致元素定位不准，最后使操作出错。这点在遍历元素时显得特别重要，所以，开发人员在编写时一定要注意。

（2）要考虑$()不返回 jQuery 对象的情况。虽然调用$()每次都可以返回一个 jQuery 对象，但如果重复调用或定位不明确，则容易出现返回 null 对象的情况。因此，为了确保每次操作的顺利进行，在对 jQuery 对象操作时，需要先检测是否成功返回了对象，再进行下一步的操作。

（3）jQuery 对象不是完全的数组，pop、shift 等方法不适用于 jQuery 对象。当使用选择器返回多个对象时，这个对象本质上已是一个数组集合了，但它又不是完全的数组，仅仅是可以通过访问元素下标的方式获取到对象，但不能使用 pop 或 shift 方法增加或删除对象。因为它不是一个完全的数组，所以只能操作，而不能增加或删除。

6.2　jQuery UI 框架介绍

jQuery UI 是一套基于 jQuery 框架且专注于页面交互、主题和小部件的 UI 框架，同时，它向开发人员提供了统一、简便的调用模式，因此，无论是创建高度密集交互效果的页面，还是仅仅向页面添加某一个部件，jQuery UI 都是一个非常理想的选择。

1．jQuery UI 框架介绍

jQuery UI 框架基于 jQuery，用于操控页面的交互功能。它由交互、微件、效果库三大部分组成，开发人员可以通过提供的这几部分内容，构建一个具有很好交互性的 Web 应用页面。整体来讲，jQuery UI 框架具有以下几个显著的特点。

（1）简单易用，开源免费。jQuery UI 框架完全继承了 jQuery 简单易用的特点，提供高度抽象的接口，实现页面的各类交互需求。此外，开源免费，采用 MIT & GPL 双协议授权，完

全满足企业需求。

（2）轻便快捷，兼容性强。各小组件可以单独安装，独立性强，所占空间与体积都相对较小。此外，jQuery UI 框架目前兼容所有主流桌面浏览器，如图 6-2-1 所示。

图 6-2-1　jQuery UI 框架完美兼容各主流桌面浏览器

（3）标准结构，扩展无忧。jQuery UI 框架采用标准的 XHTML 代码格式，保证低端浏览器的可用性。此外，Google 为框架的代码发布提供 CDN 的支持，保障了框架的加载速度与用户体验。

图 6-2-2　丰富的 jQuery UI 框架主题

（4）多彩主题，完整汉化。jQuery UI 框架提供了近 20 种预设主题（见图 6-2-2），可自定义近 60 项样式的配制方案，提供了近 24 种背景的选择，还内置了近 40 多种包括汉语在内的汉化包。

2．下载与使用

（1）框架下载。如果要在页面中添加 jQuery UI 框架，需要从官网中进行下载。下载时，先选择下载的版本，后选择需要的组件名称，最后再选择一套组件的主题，单击"Download"（下载）按钮进行下载，详细的下载流程如图 6-2-3 所示。

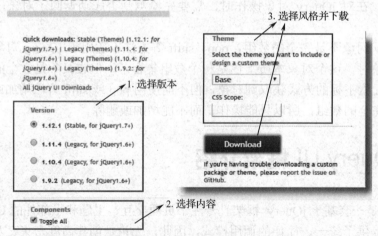

图 6-2-3　jQuery UI 框架官网下载流程

（2）环境使用。如果要在页面中添加 jQuery UI 框架，只需要在头部将对应的 CSS、JS 和图片文件导入到相应的页面中即可，完整的导入过程如图 6-2-4 所示。

需要说明的是：与其他框架一样，如果既有 CSS 样式文件，又有 JS 文件，则先导入样式文件，再导入 JS 文件。在导入 JS 文件时，由于 jQuery UI 只是 jQuery 框架的一个子集，因此，要先导入 jQuery，再导入 jQuery UI，此顺序不能变。

```
<link rel="stylesheet" type="text/css"
      href="css/jquery-ui.min.css" />
<script type="text/javascript"
      src="js/jquery-1.11.3.min.js">
</script>
<script type="text/javascript"
      src="js/jquery-ui.min.js">
</script>
```

图 6-2-4　jQuery UI 框架导入的过程

3. 框架的工作原理

【技能目标】掌握并理解框架的基本工作原理，熟悉框架中各部件的初始化安装方法，理解部件方法与事件的调用与绑定过程。

【语法格式】

```
元素.方法({
    对象名：值，
    事件名：function(e){
      //执行事件代码
    }
})
```

【格式说明】jQuery UI 框架提供了一套统一通用的 API 标准化的流程，先通过部件的自带方法初始化绑定的元素，即安装了部件；再在安装的方法中重置部件值和绑定相应的方法；最后，执行这个方法后，则完成了部件全部的初始化功能。

【案例演示】需求：在页面中添加一个滑块小部件，当拖动滑块时，另一个<div>即时显示其对应的值。根据上述功能，新建一个名称为 jqu_1.html 的文件，在页面中加入如清单 6-2-1 所示的代码。

清单 6-2-1　页面文件 jqu_1.html 的源文件

```
<!doctype html>
<html>
//省略头部加载框架文件代码
<body>
<div id="slider"></div>
<div id="tip"></div>
<script type="text/javascript">
  $(function() {
    $("#slider").slider({
        value: 20,
        change: function (e) {
        $("#tip").text($(this).slider("value"));
        }
    });
    $("#tip").text($("#slider").slider("value"));
  });
</script>
</body>
</html>
```

页面文件 jqu_1.html 在 Chrome 浏览器中执行后，显示的效果如图 6-2-5 所示。

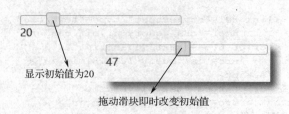

图 6-2-5　页面文件 jqu_1.html 在浏览器中执行的效果

【案例实践】新建一个页面，添加三个滑块部件和一个<div>元素。三个滑块部件分别用于控制元素背景色的 R、G、B 值，当拖动任意一个滑块部件时，元素的背景色将即时发生变化。

【扩展知识】每个小部件除了有自己特定的事件之外，还有很多公共的事件，如 create 事件。在每一个小部件初始化时都会触发，开发者可以在该事件中初始化一些相关数据。

4．jQuery UI 的主题

【技能目标】掌握框架更换主题的方法与流程，理解框架主题的结构与核心原理，并能熟练使用所理解与掌握的方式进行不同主题的切换。

【语法格式】

```
<link rel="stylesheet" type="text/css"
    href="css/主题样式文件" />
```

【格式说明】在 jQuery UI 框架中，可以自定义主题样式文件，开发人员可以先去官网下载相应的主题样式文件与图片，放置到项目对应的位置，如样式文件放置在 CSS 文件夹中，图片则放置在 JS 文件夹中，然后在页面的头部元素中导入相关的样式文件。

【案例演示】需求：在页面中，分别以不同的主题显示控制面板小部件的效果。根据上述功能，新建一个名称为 jqu_2.html 的文件，在页面中加入如清单 6-2-2 所示的代码。

清单 6-2-2　页面文件 jqu_2.html 的源文件

```
<!doctype html>
<html>
//省略头部加载框架文件代码
<body>
<div id="accordion">
  <h3>标题 1</h3>
  <div><p>正文内容一</p></div>
  <h3>标题 2</h3>
  <div><p>正文内容二</p></div>
</div>
<script type="text/javascript">
  $(function() {
      $( "#accordion" ).accordion();
  });
</script>
</body>
</html>
```

页面文件 jqu_2.html 在 Chrome 浏览器中执行后，显示的效果如图 6-2-6 所示。

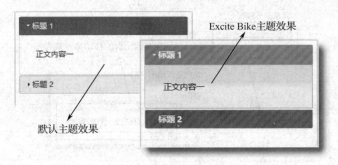

图 6-2-6　页面文件 jqu_2.html 在浏览器中执行的效果

【案例实践】新建一个页面，使用不同的主题分别显示 jQuery UI 按钮小部件的页面效果，区分不同主题下按钮的区别，如点击时的效果、被点击时的过渡样式。

【扩展知识】除了下载不同主题的样式文件更新页面主题之外，如果要最大限度地控制每一个小部件的主题样式，则可以重新编写每个小部件的样式，而不需要使用框架类和插件的样式文件，但这需要开发人员有深厚的样式功底及扎实的框架开发根基。

5．jQuery UI 的部件

【技能目标】掌握框架部件的基本使用方法，能够熟练使用框架中的各个常用的部件，并理解部件中各个方法与事件调用的过程。

【语法格式】

元素对象.部件初始化方法()

【格式说明】jQuery UI 框架中部件的使用都离不开页面中的元素对象，因此，要想使用部件，需先在页面中添加绑定的元素对象，添加完成后，在 jQuery 代码中获取这个元素对象，并调用部件的初始化方法，即完成了部件在页面中的应用。

【案例演示】需求：在页面中，分别添加<p>和<input>元素，调用"tooltip"部件，实现移动提示效果。根据上述功能，新建一个名称为 jqu_3.html 的文件，在页面中加入如清单 6-2-3 所示的代码。

清单 6-2-3　页面文件 jqu_3.html 的源文件

```html
<!doctype html>
<html>
//省略头部加载框架文件代码
<body>
<p title="今天天气不错">北京天气预报</p>
<div>省份：
    <input type="text"
        title="请输入你关注天气的省份">
</div>
<script type="text/javascript">
    $(function() {
        $(document).tooltip();
    });
</script>
</body>
</html>
```

页面文件 jqu_3.html 在 Chrome 浏览器中执行后，显示的效果如图 6-2-7 所示。

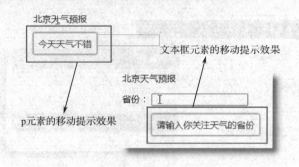

图 6-2-7　页面文件 jqu_3.html 在浏览器中执行的效果

【案例实践】新建一个页面，在页面中通过多个<p>元素增加多段内容，当鼠标移到某些字符上时，调用页面已绑定的 tooltip 部件，实现不同字符不同文字提示的效果。

【扩展知识】在 jQuery UI 中，无论是小部件、特效还是交互效果，都提供了统一的接口调用方法，因此，只要能完成一个效果的实现，其他部件的使用都相同。这种方式可以极大地减少开发人员的学习成本，并增强代码的复用性。

6.3　jQuery Mobile

jQuery Mobile 是继 jQuery 之后推出的一套基于移动端 Web 开发的前端框架，它继承了 jQuery 框架的代码简单、功能强大的特点，充分发挥 HTML5 与 CSS3 小脚本的优势，开发适用于移动端的应用。接下来我们来详细介绍 HTML 程序结构和语法。

1．jQuery Mobile 框架简介

严格来讲，jQuery Mobile 是 jQuery 框架下的一个子集框架，专用于移动终端，它把 jQuery 框架的"做得多、写得少"这一理念从 PC 端转移到客户端，使所有主流移动端的浏览器都提供一种统一的体验，具体来讲，它具有以下特点。

（1）简单易用，上手容易。不需要写太多的 JavaScript 代码，只需要在页面中调用框架所提供的组件，进行相应的页面布局，就可以实现很多复杂的功能。

（2）兼容性好，完美适配大部分的客户端浏览器。虽然框架中使用了流行的 HTML5 与 CSS3 技术，并非所有的客户端都支持，但是在 jQuery Mobile 的框架内部做了一个优雅降级处理，以确保那些低端设备或不支持 JavaScript 的浏览器同样也可以正常浏览，如图 6-3-1 所示。

（3）轻量级，体积小。与其他移动端框架相比，jQuery Mobile 的体积非常小，总体不超过 20KB，这样的体积为移动端的客户提供了一种非常好的用户体验。

（4）统一主题与风格。jQuery Mobile 框架提供了一套完整的主题系统，用户只需要根据项目的需求在页面中动态调整即可，也允许用户自定义项目主题，主题图标如图 6-3-2 所示。

图 6-3-1　jQuery Mobile 可以很优雅地适配各客户端浏览器　　　图 6-3-2　jQuery Mobile 的主题图标

2．下载与安装

（1）通过本地文件方式下载与安装。如果想在页面中安装 jQuery Mobile 框架，需要先将该框架文件下载到本地，然后在头部元素<head>中引入相对应的 CSS 文件与 JS 文件，详细代码如图 6-3-3 所示。

```
<link type="text/css" rel="stylesheet"
      href="css/jquery.mobile-1.4.5.min.css" />
<script type="text/javascript"
      src="js/jquery-1.11.3.min.js">
</script>
<script type="text/javascript"
      src="js/jquery.mobile-1.4.5.min.js">
</script>
```

图 6-3-3　jQuery Mobile 框架使用本地文件方式引入页面

需要说明的是，在引入文件时，先引入 CSS 文件，然后再引入 JS 文件；同时，在引入 JS 文件时，先引入主框架文件，后引入子类框架文件，此顺序不能更改。

（2）通过 CDN 方式加载与安装。除了通过本地文件方式下载与安装 jQuery Mobile 框架外，还可以直接引用 CDN 中的框架文件进行加载与安装，详细代码如图 6-3-4 所示。

```
<link type="text/css" rel="stylesheet"
      href="http://code.jquery.com/mobile/1.4.5/jquery.mobile-1.4.5.min.css" />
<script type="text/javascript"
      src="http://code.jquery.com/jquery-1.11.3.min.js">
</script>
<script type="text/javascript"
      src="http://code.jquery.com/mobile/1.4.5/jquery.mobile-1.4.5.min.js">
</script>
```

图 6-3-4　jQuery Mobile 框架使用 CDN 方式引入页面

需要说明的是，在第二种方式中，必须确保计算机已经连接了互联网，否则，将无法将文件加载到本地的页面中；但这种方式的好处是，无须下载任何文件，就可以实现框架文件的加载，而且实时与最新版本保持同步。

3．导航与工具栏

（1）导航栏的应用。

【技能目标】掌握导航栏的使用方法与调用格式，能熟练使用导航栏组件，布局页面的结构，并能理解该组件中各按钮元素的定位方式。

【语法格式】

```
<div data-role="navbar">
   //导航栏元素
  </div>
```

【格式说明】导航栏由一组水平排列的链接构成，通常位于页眉或页脚内部。data-role 的属性值为"navbar"表示为导航栏，其内容通常由一个列表组成，列表中的链接会自动转换为按钮。

【案例演示】需求：在页眉中加入导航栏组件，通过组件中的链接实现页面的切换。根据上述功能，新建一个名称为 jqm_1.html 的文件，在页面中加入如清单 6-3-1 所示的代码。

清单 6-3-1　页面文件 jqm_1.html 的源文件

```
<!doctype html>
<html>
```

```
//省略头部加载框架文件代码
<body>
    <div data-role="page" id="pageone">
        <div data-role="header">
            <div data-role="navbar" data-iconpos="left">
                <ul>
                    <li><a href="#"
                        data-icon="home">首页</a></li>
                    <li><a href="#"
                        data-icon="info">图片</a></li>
                    <li><a href="#"
                        data-icon="gear">我的</a></li>
                </ul>
            </div>
        </div>
        <div data-role="content">
            <p>我是正文</p>
        </div>
        <div data-role="footer"
            data-position="fixed">
                <h1>Copyright ©2017</h1>
        </div>
    </div>
</body>
</html>
```

页面文件 jqm_1.html 在 Chrome 浏览器中执行后，显示的效果如图 6-3-5 所示。

图 6-3-5　页面文件 jqm_1.html 在浏览器中执行的效果

【案例实践】新建一个页面，在页脚部分添加一个导航栏，导航栏中添加两个按钮，分别为"关于我们"、"联系我们"，点击时，实现选中的效果。

【扩展知识】导航栏组件列表中的各个按钮宽度均匀分布，一个为 100%，两个各为 50%，依次类推。此外，导航栏中如果需要添加选中样式，可以在超级链接元素中添加"class"样式属性，并将该属性值设置为"ui-btn-active"即可。

（2）工具栏的应用。

【技能目标】掌握工具栏的使用方法，并能熟练使用工具栏组件，布局页面结构；同时，能更好地理解工具栏中各按钮单独定位的方式。

【语法格式】

```
<div data-role="header">
    //工具栏中内容
</div>
```

【格式说明】工具栏元素常被放置于页眉和页脚中，实现"已访问页面"的再次访问。通常是在工具栏的左右两侧增加导航按钮，实现页面的再次访问。

【案例演示】需求：在页眉中加入工具栏组件，通过工具栏中的按钮组件实现页面的导航与返回功能。根据上述功能，新建一个名称为 jqm_2.html 的文件，在页面中加入如清单 6-3-2 所示的代码。

清单 6-3-2　页面文件 jqm_2.html 的源文件

```
<!doctype html>
<html>
//省略头部加载框架文件代码
<body>
    <div data-role="page" id="pageone">
        <div data-role="header">
            <a href="#" data-role="button">首页</a>
            <h3>个人中心</h3>
            <a href="#" data-role="button">搜索</a>
        </div>
        <div data-role="footer"
          data-position="fixed">
                <h1>Copyright ©2017</h1>
        </div>
    </div>
</body>
</html>
```

页面文件 jqm_2.html 在 Chrome 浏览器中执行后，显示的效果如图 6-3-6 所示。

图 6-3-6　页面文件 jqm_2.html 在浏览器中执行的效果

【案例实践】新建一个页面，在页脚部分添加一个工具栏。工具栏中分别添加"前进"、"后退"两个按钮，点击时，实现选中的效果。

【扩展知识】页眉的工具栏与页脚的工具栏不一样，页眉的工具栏只能包含一个或两个，而页脚的工具栏则没有此项的限制。此外，还可以通过添加"controlgroup"角色，实现工具栏中按钮的分组显示。显示时，添加"data-type"实现显示方式的设置。

4．页面过渡方法与效果

用 jQuery Mobile 开发项目时，以单页应用为主，因此，各页面间的转换实际上是页面中的 div 元素进行切换。切换时，允许自定义在切换过程中的效果。

【技能目标】掌握页面中各 "page" 页间相互切换的方式，理解 jQuery Mobile 框架 "page" 页中 "data-transition" 属性值对应的功能。

【语法格式】

```
<a href="#page2"
    data-transition="slide">
    去第二页
    </a>
```

【格式说明】在超级链接中，添加 data-transition 属性，并指定属性对应的切换或过渡效果值。默认值是 "fade"，也可以选择其他值，如 "slide" 向左滑动方式切换。

【案例演示】需求：在页面中添加一个超级链接，点击时，进入第二个页面，切换时设置过渡效果。根据上述功能，新建一个名称为 jqm_3.html 的文件，在页面中加入如清单 6-3-3 所示的代码。

清单 6-3-3　页面文件 jqm_3.html 的源文件

```
<!doctype html>
<html>
//省略头部加载框架文件代码
<body>
    <div data-role="page" id="page1">
        <div data-role="header">
           <h3>第一页</h3>
        </div>
        <div data-role="content">
            <p>
                <a href="#page2"
                   data-transition="slide">去第二页</a>
                </p>
        </div>
        <div data-role="footer"
            data-position="fixed">
                <h1>Copyright ©2017</h1>
        </div>
    </div>
    <div data-role="page" id="page2">
        <div data-role="header">
           <h3>第二页</h3>
        </div>
        <div data-role="content">
            <p>
                <a href="#page1"
                   data-transition="slide">返第一页</a>
                </p>
        </div>
        <div data-role="footer"
            data-position="fixed">
                <h1>Copyright ©2017</h1>
        </div>
    </div>
</body>
</html>
```

页面文件 jqm_3.html 在 Chrome 浏览器中执行后，显示的效果如图 6-3-7 所示。

图 6-3-7 页面文件 jqm_3.html 在浏览器中执行的效果

【案例实践】新建一个页面，并在页面中添加多个"page"页，分别在"page"页面中添加超级链接，点击链接时，以动画的方式进行"page"页间的切换。

【扩展知识】在超级链接元素的属性中，除了可以使用"data-transition"属性设置切换时的动画效果外，还可以通过"data-direction"属性设置动画效果的方向，只需要将该属性值设为"reverse"即可。

5．列表视图

【技能目标】理解列表视图创建的方式，掌握列表视图内容的定义步骤，能够熟练使用列表视图加载并显示数据。

【语法格式】

```
<ul data-role="listview">
  <li><a href="#">列表项</a></li>
</ul>
```

【格式说明】jQuery Mobile 中的列表是标准的 HTML 元素，由有序列表（<ol>）和无序列表（<ul>）组成。创建时，将<ol>或<ul>元素中的"data-role"属性值设置为"listview"，同时，在表项元素<li>中添加超级链接，实现列表内容可以单击的效果。

【案例演示】需求：创建一个页面，并以列表的方式展示人员信息，而且能根据姓名进行查询。根据上述功能，新建一个名称为 jqm_4.html 的文件，在页面中加入如清单 6-3-4 所示的代码。

清单 6-3-4 页面文件 jqm_4.html 的源文件

```
<!doctype html>
<html>
//省略头部加载框架文件代码
</head>
<body>
  <div data-role="page" id="page1">
    <div data-role="header">
        <h3>列表视图</h3>
    </div>
    <div data-role="content">
        <ul data-role="listview"
            data-filter="true"
            data-filter-placeholder="搜索姓名">
        <li><a href="#">张三</a></li>
        <li><a href="#">李四</a></li>
        <li><a href="#">王二</a></li>
        </ul>
    </div>
```

```
        <div data-role="footer"
            data-position="fixed">
          <h1>Copyright ©2017</h1>
        </div>
      </div>
  </body>
</html>
```

页面文件 jqm_4.html 在 Chrome 浏览器中执行后，显示的效果如图 6-3-8 所示。

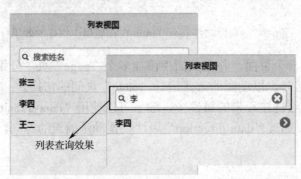

图 6-3-8　页面文件 jqm_4.html 在浏览器中执行的效果

【案例实践】新建一个页面，在页面中添加一个列表视图组件，用于显示新闻排行榜功能。列表视图中排行榜的内容可以点击，进入详细新闻页，同时，还可以根据标题内容查询新闻。

【扩展知识】如果需要为列表视图添加圆角和外距，则可以将<ul>或<ol>元素中的"data-inset"属性值设置为"true"；如果需要将某个列表项设置为分隔符，可以将该表项的"data-role"属性值设置为"list-divider"。

6．框架事件

【技能目标】掌握使用 jQuery Mobile 绑定常用事件的方式，理解 jQuery Mobile 框架所特有的事件"tap"和"taphold"的绑定与使用。

【语法格式】

```
元素对象.on(事件名称,function(e){
    //事件执行的代码
    })
```

【格式说明】由于 jQuery Mobile 框架是 jQuery 框架的一个子集，因此，它支持所有 jQuery 都可执行的事件。此外，它还提供了在移动端所特有的事件，如触摸和滑动事件，绑定事件的方式与 jQuery 框架中一样，只需要调用 on 方法即可，详细格式如上所示。

【案例演示】需求：在页面中分别添加"触摸"和"长按"按钮，点击时，显示对应实现的功能。根据上述功能，新建一个名称为 jqm_5.html 的文件，在页面中加入如清单 6-3-5 所示的代码。

清单 6-3-5　页面文件 jqm_5.html 的源文件

```
<!doctype html>
<html>
//省略头部加载框架文件代码
</head>
<body>
```

```
    <div data-role="page" id="page1">
        <div data-role="header">
          <h3>绑定事件</h3>
        </div>
        <div data-role="content">
            <a href="#"
              data-role="button"
              id="btn">tap 事件</a>
            <a href="#"
              data-role="button"
              id="btn2">taphold 事件</a>
            <div id="tip"></div>
            <div id="tip2"></div>
        </div>
        <div data-role="footer"
            data-position="fixed">
                <h1>Copyright ©2017</h1>
        </div>
    </div>
    <script type="text/javascript">
      $(function(){
          $("#btn").on("tap",function(e){
              $("#tip").html('我被触摸了');
          })
          $("#btn2").on("taphold",function(e){
              $("#tip2").html('我被长按了');
          })
      })
    </script>
</body>
</html>
```

页面文件 jqm_5.html 在 Chrome 浏览器中执行后，显示的效果如图 6-3-9 所示。

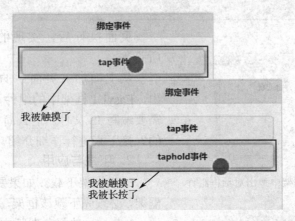

图 6-3-9　页面文件 jqm_5.html 在浏览器中执行的效果

【案例实践】新建一个页面，在页面中添加一张图片元素，并绑定元素的左右滑动事件，当在图片中向左滑动时，显示上一张图片，向右滑动时，显示下一张图片。

【扩展知识】需要说明的是，在 jQuery Mobile 中，除了上述介绍的触摸事件之外，还有很多与页面相关的事件，如页面加载、离开等，详细如表 6-3-1 所示。

表 6-3-1　jQuery Mobile 中的其他事件

事 件 名 称	功 能 描 述
pagecreate	在页面已创建，渲染功能未完成之前，触发该事件
pageload	在页面已加载成功，同时已插入到 DOM 后触发该事件
pageshow	在过渡动画完成后，离开页面触发该事件
pagehide	在过渡动画完成后，进入页面触发该事件

6.4　EasyUI

EasyUI 是一套基于 jQuery 框架实现用户交互界面效果的插件集合库，它完美地支持 HTML5 框架，无须添写太多的代码，就可以创建一个时尚、现代的 JavaScript 应用程序；它极大地节省了用户开发项目的时间与规模，但开发的功能却可以变得异常强大。

1．EasyUI 框架简介

EasyUI 框架提供了大量易于使用的组件，这些组件可以使开发人员快速地构建功能强大的页面应用，而构建的方式也非常简单，直接向页面添加代码即可。

如果需要在页面中添加一个 EasyUI 提供的对话框组件，则直接加入下列代码：

```
<div class="easyui-dialog"
    data-options="title:'天气预报',
    collapsible:true,
    iconCls:'icon-ok',
    onOpen:function(){}">
    今天天气非常的热，气温很高。
</div>
```

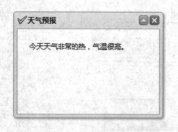

图 6-4-1　EasyUI 框架中弹出对话框组件

页面执行后，实现的页面效果如图 6-4-1 所示。

从上面加入页面中的几行简单代码可以看出，EasyUI 框架中的组件调用极其简单，几乎不需要编写 JS 文件。这么简单的框架，是如何使用的？接下来进行详细介绍。

2．下载与应用

（1）框架下载。如果要在页面中应用 EasyUI 框架，必须先下载该框架，下载的方式是：进入官网的下载页面 http://www.jeasyui.com/download/ index.php，选择免费版本，单击"Download"（下载）按钮进行下载，相关步骤如图 6-4-2 所示。

（2）页面应用。如果要在页面中添加 EasyUI 框架，只需要在头部将对应的 CSS、JS 和图片文件导入到相应的页面中即可，完整的导入过程如图 6-4-3 所示。

需要说明的是，与其他框架一样，如果既有 CSS 样式文件，又有 JS 文件，则先导入样式文件，再导入 JS 文件。在导入 JS 文件时，由于 EasyUI 依赖于 jQuery，因此，要先导入 jQuery，再导入 EasyUI，此顺序不能变。

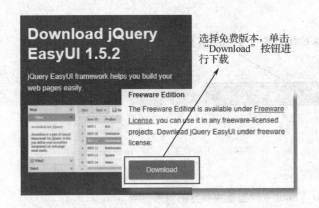

选择免费版本，单击"Download"按钮进行下载

图 6-4-2　EasyUI 框架在官网下载的步骤

```
<link type="text/css" rel="stylesheet"
      href="css/easyui.css" />
<link type="text/css" rel="stylesheet"
      href="css/icon.css" />
<script type="text/javascript"
      src="js/jquery-1.11.3.min.js">
</script>
<script type="text/javascript"
      src="js/jquery.easyui.min.js">
</script>
```

图 6-4-3　EasyUI 框架导入的过程

3．拖放与布局

【技能目标】掌握并理解框架中拖曳组件的使用方式，熟悉在框架中拖曳组件的分类，并能够基于组件的功能进行合理的页面运用。

【语法格式】

```
<div class="easyui-draggable"
    data-options="handle:'#title'">
    //块元素内容
</div>
```

【格式说明】在页面中，添加 EasyUI 框架的拖曳组件非常简单，只需要在某个元素中增加一个名称为"easyui-draggable"的样式类别即可。而如果需要点击标题进行拖曳，则可以在元素中添加一个"data-options"属性，并将属性值设置为"handle:'#title'"，表示按标题拖曳。

【案例演示】需求：在页面中，添加两个可以拖曳的<div>元素，一个按主体拖曳，另一个按标题拖曳。根据上述功能，新建一个名称为 esu_1.html 的文件，在页面中加入如清单 6-4-1 所示的代码。

清单 6-4-1　页面文件 esu_1.html 的源文件

```
<!doctype html>
<html>
//省略头部加载框架文件代码
<body>
<h2>拖曳组件</h2>
    <p>用鼠标点击后，可以拖曳下面的元素</p>
    <div class="easyui-draggable">
        块元素
    </div>
    <div class="easyui-draggable"
        data-options="handle:'#title'">
        <div id="title">带标题的块元素</div>
    </div>
</body>
</html>
```

页面文件 esu_1.html 在 Chrome 浏览器中执行后，显示的效果如图 6-4-4 所示。

拖曳组件

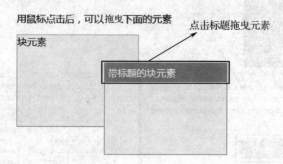

用鼠标点击后，可以拖曳下面的元素

块元素

带标题的块元素 ← 点击标题拖曳元素

图 6-4-4　页面文件 esu_1.html 在浏览器中执行的效果

【案例实践】新建一个页面，添加一个带标题与正文内容的\<div\>元素，通过 EasyUI 框架中的拖曳组件，当用户点击标题时，可以实现拖曳的效果。

【扩展知识】利用 EasyUI 框架不仅可以实现单个元素的拖曳效果，而且还能在拖曳过程中绑定拖曳事件，当用户执行拖曳动作时，则触发该事件。绑定事件的方法是通过向"data-options"属性添加"onDrag:onDrag"内容，前者是事件名，后者是事件执行的函数。

4．按钮与表单

【技能目标】掌握框架中表单与按钮组件的基本使用方法，能够熟练地通过使用表单组件布局页面，理解并熟悉表单元素的验证方法与原理。

【语法格式】

```
<input class="easyui-textbox" type="text" />
<a class="easyui-linkbutton"></a>
```

【格式说明】在 EasyUI 框架中，通过向元素添加不同的样式类别名称来形成不同的组件，如类名称为"easyui-textbox"表示文本组件，类名称为"easyui-linkbutton"表示按钮组件。

【案例演示】需求：添加一个表单组件，在该组件中增加文本框与提交按钮组件，并实现登录验证效果。根据上述功能，新建一个名称为 esu_2.html 的文件，在页面中加入如清单 6-4-2 所示的代码。

清单 6-4-2　页面文件 esu_2.html 的源文件

```
<!doctype html>
<html>
//省略头部加载框架文件代码
<body>
<h2>表单组件</h2>
<p>通过组件验证表单输入框内容</p>
<div class="easyui-panel"
    title="用户登录" >
  <form id="frm" method="post">
    <div>Email:</div>
    <input class="easyui-textbox"
      type="text"
      data-options="required:true,validType:'email'" />
    <div>password:</div>
    <input class="easyui-textbox"
            type="password"
            data-options="required:true" />
```

```
        <div><a href="javascript:void(0)"
             class="easyui-linkbutton"
             onclick="submitForm()">登录</a>
          <a href="javascript:void(0)"
             class="easyui-linkbutton"
             onclick="clearForm()">取消</a>
        </div>
      </form>
  </div>
</body>
</html>
```

页面文件 esu_2.html 在 Chrome 浏览器中执行后，显示的效果如图 6-4-5 所示。

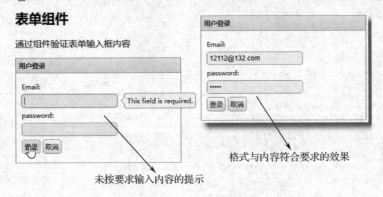

图 6-4-5　页面文件 esu_2.html 在浏览器中执行的效果

【案例实践】新建一个页面，使用表单组件制作一个注册页面，所有录入的注册内容不能为空，而且在录入邮箱时，输入内容必须符合邮箱格式才可以提交。

【扩展知识】在框架的表单组件中，各个表单元素通过类别名称声明样式效果，通过"data-options"属性来规定元素输入的规则和要求，多个规则用逗号隔开。

5．实现树形菜单

【技能目标】掌握框架中树形菜单实现的过程与方法，理解在树形菜单中各层级间的结构关系，能快速通过树形菜单布局页面。

【语法格式】

```
<ul class="easyui-tree">
    <li><span>表项</span></li>
        <ul>
            <li><span>表项</span></li>
        </ul>
        ...
</ul>
```

【格式说明】EasyUI 框架中树形菜单的定义非常简单，它的结构全部通过无序列表<ul>来实现，先是在外围的<ul>元素中添加一个名为"easyui-tree"的样式类别，表示是一个树形菜单；然后，在表项元素<li>中，由<span>元素定义标题，嵌套的列表<ul>定义对应的二级菜单。

【案例演示】需求：在页面中，通过树形菜单组件，实现一个学校的班级展示功能，各班级可以收展。根据上述功能，新建一个名称为 esu_3.html 的文件，在页面中加入如清单 6-4-3

所示的代码。

清单 6-4-3　页面文件 esu_3.html 的源文件

```
<!doctype html>
<html>
//省略头部加载框架文件代码
<body>
<h2>树形菜单</h2>
    <p>通过列表实现树形菜单效果</p>
    <div class="easyui-panel" >
    <ul class="easyui-tree">
    <li><span>希望小学</span>
        <ul><li><span>一年级</span>
        <ul><li>一（1）班</li>
            <li>一（2）班</li>
            <li>一（3）班</li>
        </ul></li>
    <li><span>二年级</span>
        <ul><li>二（1）班</li>
            <li>二（2）班</li>
            <li>二（3）班</li>
        </ul></li></ul></li>
    </ul>
    </div>
</body>
</html>
```

页面文件 esu_3.html 在 Chrome 浏览器中执行后，显示的效果如图 6-4-6 所示。

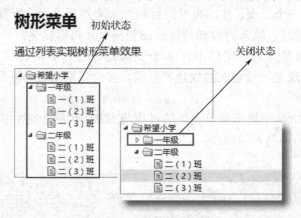

图 6-4-6　页面文件 esu_3.html 在浏览器中执行的效果

【案例实践】新建一个页面，调用 EasyUI 框架中的树形菜单组件，实现一个三级城市列表，点击省份菜单时，获取到省份下的市级列表；点击市级列表，展开对应市级的县级列表。

【扩展知识】在 EasyUI 框架中，树形菜单组件的使用非常广泛，因为代码简单、结构清楚，但在开发过程中，不宜为菜单增加三级以上的结构，否则，显示时非常慢，用户体验不好。

6.5　Bootstrap

Bootstrap 是一个基于 HTML、CSS、JavaScript 快速开发前端应用与网站的框架，也是最受前端开发人员喜爱的框架，它在 jQuery 的基础上进行了二次开发，使其兼容大部分的 jQuery 插件。同时，使用该框架开发的网站也拥有独立风格，前卫而时尚。

1．Bootstrap 框架简介

Bootstrap 框架中包含的内容非常丰富，但大致来讲，由基本结构、CSS、组件、插件、自定义组件这几部分组成。众多的内容，是其深受广大前端开发人员喜爱的一个重要原因，除此之外，它还具有以下几个显著的特点。

（1）简单易用，上手容易。由于框架的源码都是基于 HTML、CSS、JavaScript 代码，因此，开发人员非常容易上手，并且框架中包含大量的页面组件，只需要开发人员简单编写调用代码即可。

（2）响应式设计，移动端优先原则。框架采用了响应式设计方案，可以很完美地兼容 PC 端和大部分的移动终端，如手机端、iPad 版。同时，在兼容过程中，又基于移动端优先的原则，如图 6-5-1 所示。

（3）统一简洁的解决方案。框架为开发人员提供了统一简洁的开发方案，开发人员只需按照这个方案，调用相应的组件，即可完成从需求到实现的过程，方便且简单。

（4）丰富而强大的内置组件。框架中提供了大量功能强大、外观时尚、开源的内置组件，开发人员除了可以调用这些内置组件外，还可以去自定义各类功能的组件，十分方便，如图 6-5-2 所示。

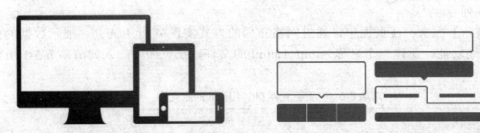

图 6-5-1　Bootstrap 框架完美兼容各类型的浏览器　　　图 6-5-2　丰富的 Bootstrap 框架组件

2．框架下载与环境搭建

（1）框架下载。如果想在页面中安装 Bootstrap 框架，需要先将该框架文件下载到本地，可以在官网中下载，下载完成后，其结构目录如图 6-5-3 所示。

需要说明的是，下载的文件中包括图片文件，需要与样式文件放在同级目录下。

（2）环境搭建。如果要在页面中添加 Bootstrap 框架，只需要在头部将对应的 CSS、JS 和图片文件导入到相应的页面中即可，完整的导入过程如图 6-5-4 所示。

需要说明的是，与其他框架一样，如果既有 CSS 样式文件，又有 JS 文件，则先导入样式文件，再导入 JS 文件。在导入 JS 文件时，先是主框架文件，然后是从框架文件。

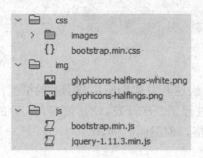

```
<link rel="stylesheet"
      type="text/css"
      href="css/bootstrap.min.css" />
<script type="text/javascript"
      src="js/jquery-1.11.3.min.js">
</script>
<script type="text/javascript"
      src="js/bootstrap.min.js">
</script>
```

图 6-5-3　Bootstrap 框架下载后的目录结构　　图 6-5-4　Bootstrap 框架导入的过程

3. 框架的网格系统

【技能目标】掌握框架中网格布局的方法与技巧，能够熟练地通过网格系统布局页面的各个元素，理解网格布局中响应式的原理，能合理地使用网格中的偏移量。

【语法格式】

```
<div class="container">
    <div class="row">
      <div class="col-*-*"></div>
      <div class="col-*-*"></div>
    </div>
    <div class="row">...</div>
</div>
```

【格式说明】网格布局的全部元素都被类别样式为"container"的<div>元素所包裹，在包裹的内容中，通过名称为"row"的类别样式定义单行，通过名称为"col-*-*"的类别样式定义行中的列，其中第一个"*"表示设备的宽度，如 xs、sm 等，第二个"*"是列数，共 12 列，如 4、3 列等。

【案例演示】需求：在页面中，通过网格布局的方式实现 4 行不同列，展示数据的效果。根据上述功能，新建一个名称为 btp_1.html 的文件，在页面中加入如清单 6-5-1 所示的代码。

清单 6-5-1　页面文件 btp_1.html 的源文件

```
<!doctype html>
<html>
//省略头部加载框架文件代码
<body>
  <div class="row" >
      <div class="col-xs-6">A</div>
      <div class="col-xs-6">B</div>
    </div>
    <div class="row" >
      <div class="col-xs-4">A</div>
      <div class="col-xs-4">B</div>
      <div class="col-xs-4">C</div>
    </div>
    <div class="row" >
      <div class="col-xs-3">A</div>
      <div class="col-xs-3">B</div>
      <div class="col-xs-3">C</div>
      <div class="col-xs-3">D</div>
```

```
        </div>
        <div class="row" >
            <div class="col-xs-2">A</div>
            <div class="col-xs-2">B</div>
            <div class="col-xs-2">C</div>
            <div class="col-xs-2">D</div>
            <div class="col-xs-2">E</div>
            <div class="col-xs-2">F</div>
        </div>
    </div>
</body>
</html>
```

页面文件 btp_1.html 在 Chrome 浏览器中执行后，显示的效果如图 6-5-5 所示。

【案例实践】新建一个页面，利用网格布局，实现一个登录页面的效果，页面中有"用户名"和"密码"文本输入框，同时，还有"登录"与"取消"按钮。

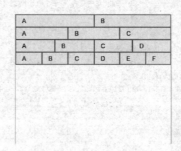

【扩展知识】Bootstrap 中的网格布局能做到响应式布局效果，源于在框架中调用了 CSS3 中的媒体查询命令，通过媒体查询命令的适配，可完美实现各个浏览器终端与移动端的兼容效果。

图 6-5-5　页面文件 btp_1.html 在浏览器中执行的效果

4．框架的布局组件

【技能目标】掌握框架中布局组件——列表布局的基本用法，能够熟练地运用布局组件中的徽章元素，还可以向组件中增加标题效果和自定义内容。

【语法格式】

```
<ul class="list-group">
    <li class="list-group-item active"></li>
    <li class="list-group-item">
        <span class="badge"></span>
    </li>
</ul>
```

【格式说明】向普通列表元素<ul>添加一个名称为"list-group"的样式类别，便构建了一个列表布局组件；在组件的表项<li>中，添加名称为"active"的样式类别，便增加了列表的标题效果。此外，还可以在表项中添加样式类别名称为"badge"的<span>元素，便增加了一个徽章效果。

【案例演示】需求：在页面中，通过列表组件展示一个普通新闻与图片新闻组件的列表。根据上述功能，新建一个名称为 btp_2.html 的文件，在页面中加入如清单 6-5-2 所示的代码。

<div align="center">清单 6-5-2　页面文件 btp_2.html 的源文件</div>

```
<!doctype html>
<html>
//省略头部加载框架文件代码
<body>
    <ul class="list-group">
        <li class="list-group-item active">新闻热点</li>
        <li class="list-group-item">
```

```
                  <a href="#">新闻标题一</a>
          </li>
          <li class="list-group-item">
              <a href="#">新闻标题二</a>
          </li>
          <li class="list-group-item">
              <span class="badge">新</span>
              <a href="#">新闻标题三</a>
          </li>
      </ul>
      <ul class="list-group">
          <li class="list-group-item active">图片热点</li>
          <li class="list-group-item">
              <a href="#">图片标题一</a>
          </li>
          <li class="list-group-item">
              <span class="badge">热</span>
              <a href="#">图片标题二</a>
          </li>
          <li class="list-group-item">
              <a href="#">图片标题三</a>
          </li>
      </ul>
  </body>
  </html>
```

页面文件 btp_2.html 在 Chrome 浏览器中执行后，显示的效果如图 6-5-6 所示。

图 6-5-6　页面文件 btp_2.html 在浏览器中执行的效果

【案例实践】新建一个页面，利用列表布局组件，实现一个图文并茂效果的列表。列表中，左侧为图片，在图片的右侧添加标题与副标题，整个表项可以实现点击效果。

【扩展知识】列表布局组件不仅可以使用无序列表<ul>元素，还可以调用<ol>元素。无论是<ul>还是<ol>元素，只要添加名称为"list-group"的样式类别，就形成列表组件；表项中通过添加名称为"list-group-item"的样式类别来定义列表中的表项内容。

5．Bootstrap 插件

【技能目标】掌握模态弹出框的元素组合方式，并能够理解弹出框中各个主要元素的属性含义，熟悉模态弹出框的打开方式。

【语法格式】

```
<div class="modal fade" role="dialog">
    <div class="modal-dialog">
        <div class="modal-content">
            <div class="modal-header">
                头部
            </div>
            <div class="modal-body">
                主体
            </div>
            <div class="modal-footer">
                底部
            </div>
        </div>
    </div>
</div>
```

【格式说明】类别名称为"modal"的<div>表示这是一个模态框元素，名称为"fade"的样式类别表示这个模态框以渐隐渐现的方式进行切换，"modal-header"类别定义模态框的标题样式，"modal-body"类别定义主体显示部分样式，"modal-footer"类别定义底部样式。

【案例演示】需求：在页面中，单击"弹窗"按钮，以渐隐渐现的方式弹出一个指定内容的模态窗口。根据上述功能，新建一个名称为 btp_3.html 的文件，在页面中加入如清单 6-5-3 所示的代码。

清单 6-5-3　页面文件 btp_3.html 的源文件

```
<!doctype html>
<html>
//省略头部加载框架文件代码
<body>
<button class="btn btn-primary btn-lg"
        data-toggle="modal"
        data-target="#myModal">
        弹窗
    </button>
    <div class="modal fade" id="myModal"
        tabindex="-1" role="dialog"
        aria-hidden="true">
        <div class="modal-dialog">
            <div class="modal-content">
                <div class="modal-header">
                    <button type="button"
                            class="close"
                        data-dismiss="modal"
                        aria-hidden="true">
                            &times;
                    </button>
                    <h4 class="modal-title">
                        天气预报
                    </h4>
                </div>
                <div class="modal-body">
                    今日天气非常好，温度适中。
                </div>
                <div class="modal-footer">
                    <button type="button"
```

```
                        class="btn btn-default"
                        data-dismiss="modal">关闭
                        </button>
                    </div>
                </div>
            </div>
        </div>
    </body>
</html>
```

页面文件 btp_3.html 在 Chrome 浏览器中执行后，显示的效果如图 6-5-7 所示。

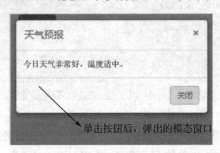

图 6-5-7　页面文件 btp_3.html 在浏览器中执行的效果

【案例实践】新建一个页面，以列表的方式显示五条数据，并在数据显示中添加"删除"
按钮，当单击该按钮时，弹出一个确定是否要删除的模态窗口，单击"确定"按钮后，再进
行删除。

【扩展知识】通过设置模态窗口的相关 data-属性，可以重置窗口的显示与操作效果。模
态窗口其他的相关属性如表 6-5-1 所示。

表 6-5-1　模态窗口其他的相关属性

属 性 名 称	功 能 说 明
data-keyboard	设置按下"escape"键时是否关闭窗口，默认值为 true，表示关闭
data-show	设置初始化时模态窗口显示的状态，默认值为 true，表示显示
data-backdrop	设置一个背景色，设置点击模态窗口时是否可以关闭，默认值为 true，表示不关闭

6.6　项目实战——BS 导航及滚动监听

上面学习了多个前端框架，其中 Bootstrap 框架可以帮助我们快速开发。本节我们使用
Bootstrap 框架实现一个首页导航及滚动监听的页面，主要使用了 Bootstrap 导航条和下拉菜单
两个组件。接下来详细地介绍这个项目。

【任务描述】新建一个页面，在页面中，先导入 Bootstrap 框架，然后借助相关的框架组
件 API，并调用 API 相应的方法，实现通栏导航、下拉菜单、滚动监听的页面效果。

【页面结构】根据上述功能，新建一个名称为 index.html 的文件，在页面中加入如清单 6-6-1
所示的代码。

清单 6-6-1　页面文件 index.html 的源文件

```html
<div class="box">
    <nav class="navbar navbar-default">
        <div class="navbar-brand">
            web 开发
        </div>
        <ul class="nav navbar-nav">
            <li> <a href="#html">HTML</a> </li>
            <li> <a href="#css">CSS</a> </li>
            <li class="dropdown">
                <a href="" id="btn" data-toggle="dropdown">JS
                    <span class="caret"></span>
                </a>
                <ul class="dropdown-menu">
                    <li><a href="#jquery">jquery</a> </li>
                    <li><a href="#angular">angular</a> </li>
                    <li><a href="#node">node</a></li>
                </ul>
            </li>
        </ul>
    </nav>
<div id="content" style="padding:10px 10px;
    height: 200px;width: 500px;overflow: auto;
    border: 2px solid gray">
    <section id="sec">
        <h3 id="html">HTML</h3>
        <p class="content">
            超级文本标记语言...
        </p>
    </section>
    <section>
        <h3 id="css">CSS</h3>
        <p class="content">
            层叠样式表...
        </p>
    </section>
    <section>
        <h3 id="jquery">jquery</h3>
        <p class="content">
            jQuery 是...
        </p>
    </section>
    <section>
        <h3 id="angular">angular</h3>
        <p class="content">
            AngularJS[1]...
        </p>
    </section>
    <section>
        <h3 id="node">node</h3>
        <p class="content">
            Node.js...
        </p>
    </section>
    </div>
</div>
```

【页面布局】页面文件 index.html 在 Chrome 浏览器中执行后，显示的效果如图 6-6-1 所示。

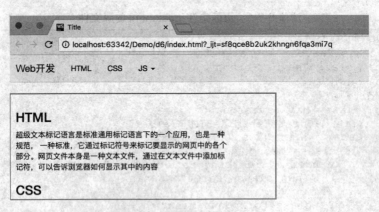

图 6-6-1　页面文件 index.html 在浏览器中执行的效果

【源码分析】首先需要导入 bootstrap.css 和 bootstrap.js 框架，然后搭建 HTML 结构。通过使用类名 navbar 设置导航条样式，通过使用类名 nav 设置导航样式，通过使用类名 dropdown 和 dropdown-menu 设置下拉菜单样式。最后通过<a>标签实现锚点。

第 7 章

HTML5 的相关变化

本章学习目标：
◆ 了解 HTML 的发展历程和 HTML5 的重大变革。
◆ 理解 HTML5 对浏览器的兼容性。
◆ 了解 HTML5 废弃和新增的标签。
◆ 掌握页面中第三方插件的调用方式。
◆ 掌握 HTML5 中新增的全局属性。

7.1 HTML 的发展历程及 HTML5 发生的重大变革

　　HTML 指的是超文本标记语言（Hyper Text Markup Language），我们可以采用 W3C 为我们定义好的标签去编写网页，展示丰富的内容，可以通过 HTML 展示一些文本、标题、表格、列表及照片，还可以展示一些多媒体音视频、动画等。

1. HTML 的发展历程

　　（1）HTML 1.0。自从 1989 年首次应用于网页编辑后，HTML 便迅速崛起成为网页编辑主流语言，目前几乎所有的网页都是由 HTML 或者以其他程序语言嵌套在 HTML 中编写的。

　　（2）HTML 2.0 系列。在初版 HTML 1.0 使用之际，HTML+的后续版本的开发也于 1993 年开始。为了与当时各种 HTML 标准区分开来，使用了 HTML 2.0 为其版号。1995 年 9 月 HTML 2.0 被正式核准成为被提议的标准（RFC 1886），但是始终没能成为 W3C 的正式标准。

　　HTML 初版及 HTML 2.0 的发布，使世界各地的科学家能够更加方便地合作，网络走向了画面与文字交相辉映的时代，也标志着网络正式开始建立系统的人机交互和网络正式开始向实用化和普及化方向转变。

　　（3）HTML 3.2 系列。HTML 3.2 是 WWW 联盟（World Wide Web Consortium）于 1996 年 4 月发布的关于 HTML 的最新规范。现在而言，HTML 3.2 是比较旧的一种版本，但它是一种比较规范的 HTML 标准，许多的网页和编辑器（Microsoft FrontPage 和 NetObjects Fusion）仍使用 HTML 3.2。

　　（4）HTML 4.0 系列。1997 年 12 月推出的 HTML 4.0 曾经是应用范围最广的页面基本标记语言，将 HTML 语言推向了一个新高度。该版本倡导了两个理念：
　　● 将文档结构和显示样式分离（就是通常的外部调用 CSS）；
　　● 更广泛的文档兼容性。

　　（5）HTML5。2004 年，一些人致力于将 Web 平台提升到一个新的高度，成立了 WHATWG，创立了新的 HTML5 规范，同时开始专门针对 Web 应用开发新功能。

HTML5 的目标在于取代现有的 HTML 4.01、XHTML 1.0 和 DOM Level 2 HTML 标准，希望浏览器能够减少丰富的网络应用服务（听音乐、看视频等）对于插件（如 Adobe Flash、Microsoft Silverlight 与 Sun JavaFX）的需求。

图 7-1-1　HTML5 图标

2．HTML5 的目标

HTML5 图标如图 7-1-1 所示。

HTML5 相对于前几版新增的功能主要有：

● 新的<canvas>绘图标签；

● 新的<header>和<footer>等语义化标签；

● 新的音频及视频的嵌入功能；

● 离线存储功能；

● 实现了拖放、跨文档消息、浏览器历史管理、MIME 类型和协议注册等新功能。

HTML5 的目标是能够创建更简单的 Web 程序，编写更简单的 HTML 代码，搭建更加完善的 Web 开发平台。

7.2　HTML5 在各大浏览器的兼容性

HTML5 新增音/视频、本地存储、离线存储、地理定位、Workers 和 WebSockets 等新特性。Web 开发人员在尝试采用 HTML5 技术时，一方面会为其强大的表现力而激动，另一方面也会因为各浏览器的兼容性测试而烦恼。

1．知名浏览器厂商支持 HTML5 的原因

在 HTML5 之前，由于各浏览器之间的不统一，光是修改 Web 浏览器之间由于兼容性而引起的 bug 就浪费了大量时间。而 HTML5 的目标就是形成一个统一的互联网通用标准。在 HTML5 平台上，视频、音频、图像、动画，以及同计算机的交互过程都被标准化。

（1）IE 浏览器的积极推动。Internet Explorer 也积极地朝着支持 HTML5 的方向迈进着，Internet Explorer 对此十分重视。虽然它的使用者依然很多，但面临用户的不断丢失，因而不断推出新的版本。

新推出的 IE 8 宣称遵从互联网通用标准，而且 Internet Explorer 把遵从互联网通用标准看成很重要的一件事，并且开始在 IE 8 中支持 HTML5。

现在市场份额最高的 Internet Explorer 针对 HTML5 做出积极对应，并对新的互联网通用标准表示了赞同和支持，可以说 HTML5 在市场上大面积推广的势头是非常强的。

（2）HTML 设计原则的统一。Web 开发者最担心的是新技术推出时由于其不成熟所产生的问题。如果能够实现互联网通用标准，就可以避免各浏览器之间的不统一，从而实现用户开发标准的最终确定，而这种标准的确定，将极大减少浏览器厂商的开发和推广成本。

（3）HTML5 的实用性。实用性是指要求能够解决实际问题。HTML5 内封装了大量切实有用的功能，不封装复杂而没有实际意义的功能，因此深受开发人员的喜爱。如果哪家浏览器厂商最大化地支持 HTML5，则能吸引更多的开发人员。

2．HTML5 浏览器兼容性分析

HTML5 为支持 Web 应用程序开发新增的特性是 HTML5 最激动人心的部分，包括本地存储、离线存储、地理定位、Workers 和 WebSockets 等。Chrome 浏览器最强大，支持全部特性。各浏览器对 HTML5 中图形、内嵌内容、SVG 的支持情况如表 7-2-1 所示。

表 7-2-1　各浏览器对 HTML5 的支持情况（1）

操作系统	Macintosh					Windows							
浏览器	Chrome	Firefox	Opera	Safari		Chrome	Firefox	Opera	IE				
版本	25	20	12.14	5.1	6	25	15	12	6	7	8	9	10
Canvas	√	√	√	√	√	√	√	√	×	×	×	√	√
Canvas Text	√	√	√	√	√	√	√	√	×	×	×	√	√
SVG	√	√	√	√	√	√	√	√	×	×	×	√	√
WebGL	√	√	√	√	√	√	√	√	×	×	×	×	√
Audio	√	√	√	√	√	√	√	√	×	×	×	√	√
Video	√	√	√	√	√	√	√	√	×	×	×	√	√

各浏览器对 HTML5 中音频编码的支持情况如表 7-2-2 所示。

表 7-2-2　各浏览器对 HTML5 的支持情况（2）

操作系统	Macintosh					Windows							
浏览器	Chrome	Firefox	Opera	Safari		Chrome	Firefox	Opera	IE				
版本	25	20	12.14	5.1	6	25	15	12	6	7	8	9	10
Audio:mp3	√	×	×	√	√	√	×	×	×	×	×	√	√
Audio:wav	√	√	√	√	√	√	√	√	×	×	×	×	×
Audio:AAC	√	×	×	√	√	√	×	×	×	×	×	√	√

各浏览器对 HTML5 中视频编码的支持情况如表 7-2-3 所示。

表 7-2-3　各浏览器对 HTML5 的支持情况（3）

操作系统	Macintosh					Windows							
浏览器	Chrome	Firefox	Opera	Safari		Chrome	Firefox	Opera	IE				
版本	25	20	12.14	5.1	6	25	15	12	6	7	8	9	10
H.264	√	×	×	√	√	√	×	×	×	×	×	√	√
WebM	√	√	√	×	×	√	√	√	×	×	×	×	×

各浏览器对 HTML5 中表单的支持情况如表 7-2-4 所示。

表 7-2-4　各浏览器对 HTML5 的支持情况（4）

操作系统	Macintosh					Windows							
浏览器	Chrome	Firefox	Opera	Safari		Chrome	Firefox	Opera	IE				
版本	25	20	12.14	5.1	6	25	15	12	6	7	8	9	10
Search	√	√	√	√	√	√	√	√	×	×	×	×	√
URL	√	√	√	√	√	√	√	√	×	×	×	×	√
Email	√	√	√	√	√	√	√	√	×	×	×	×	√
Date	√	×	√	×	×	√	×	√	×	×	×	×	×
Month	√	×	√	×	×	√	×	√	×	×	×	×	×
Week	√	×	√	×	×	√	×	√	×	×	×	×	×
Time	√	×	√	×	×	√	×	√	×	×	×	×	×
Number	√	×	√	√	×	√	×	√	×	×	×	×	√
Range	√	×	√	√	×	√	×	√	×	×	×	×	√
Colour	√	×	√	×	×	√	×	√	×	×	×	×	×

　　总之，目前对 HTML5 支持最好的是 Chrome，IE 10 已经能和 Safari、Firefox、Opera 旗鼓相当了。总的来说，各大浏览器对 HTML5 的支持正在不断完善，越来越多的企业和开发者也在尝试着在项目中使用 HTML5，特别是在移动互联网领域，已经有很多优秀的应用开发出来，未来的 Web 有很多令人期待的东西。

7.3　HTML5 中已经废弃或不建议使用的标签

　　在 HTML5 之前的一些标签中，有一部分是纯粹用作显示效果的标签。而 HTML5 延续了内容与表现分离的思想，所以对于显示效果更多地交给 CSS 样式去完成。下面我们来了解一些废弃的标签和不建议使用的标签。

1. 废除可以使用 CSS 样式实现的元素

　　【技能目标】掌握已经废除的标签在页面中的使用效果，通过 CSS 样式实现相对应的效果，并进行对比。

　　【语法格式】

```
<font size=' '  color=' ' ></font>
```

　　【格式说明】<font>规定文本的字体、字体尺寸、字体颜色。通过"size"属性设置文本内容的字体大小，通过"color"属性设置文本内容的字体颜色。

　　【案例演示】需求：使用<font>标记显示一段文本内容，查看代码效果。根据上述功能，新建一个名称为 h7_3_1.html 的文件，在页面中加入如清单 7-3-1 所示的代码。

清单 7-3-1　页面文件 h7_3_1.html 的源文件

```
<!DOCTYPE html>
<html lang="en">
<head>
```

```
    <meta charset="UTF-8">
    <title>Title</title>
</head>
<body>
<font size="6" color="green"> 废除的元素</font>
<div style="font-size: 20px;color: blue">
    使用 CSS 样式实现
</div>
</body>
</html>
```

页面文件 h7_3_1.html 在编辑时显示的效果如图 7-3-1 所示。

页面文件 h7_3_1.html 在 Chrome 浏览器中执行后，显示的效果如图 7-3-2 所示。

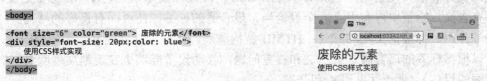

图 7-3-1　页面文件 h7_3_1.html 在编辑时显示的效果　图 7-3-2　页面文件 h7_3_1.html 在浏览器中执行的效果

【案例实践】新建一个页面，添加一个<big>标签，通过该标签在页面中实现显示效果；再添加一个<div>标签，通过 CSS 样式实现相同的效果。

【扩展知识】废除的可以使用 CSS 样式实现的元素还很多，如<basefont>、<big>、<center>、<font>、<s>、<strike>、<tt>和<u>等。

2. 不建议使用的标签替代方案

在 HTML5 中很多标签已经不建议使用。如果需要实现这些标签的效果，可以使用 CSS 样式。另外，许多废弃的标签有更好的替代方案，即使用新标签实现。

在 HTML5 中被废弃的标签和替代方案如表 7-3-1 所示。

表 7-3-1　HTML5 中被废弃的标签和替代方案

不建议使用的标签	HTML5 替代方案
<bgsound>	<audio>
<marquee>	使用 JavaScript 程序代码来实现
<applet>	<embed>和<object>标签
<rb>	<ruby>
<acronym>	<abbr>
<dir>	<ul>
<isindex>	以<form>标签和<input>标签结合的方式替代
<xmp>	<code>
<nextid>	GUIDS
<plaintext>	使用 HTML5 中的"text/plain" MIME 类型替代

7.4 HTML5 中增加的语义化标签的使用

语义化标签指的是每个标签的用途都很明确，例如，网页上文章的标题用标题标签，网页上各个栏目的栏目名称可以使用标题标签；文章中内容的段落用段落标签，在文章中有想强调的文本，则可以使用 em 标签来表示强调。

1. 语义化标签的作用

（1）定义。语义化 HTML：用最恰当的 HTML 元素标记的内容。创建结构清晰的页面，可以建立良好的语义化基础，也降低了使用 CSS 的难度。简单来说，HTMl 标签语义化就是让标签有含义，给某块内容用上一个最恰当、最合适的标签，使页面有良好的结构。

（2）作用。标签语义化的好处：HTML 结构清晰，代码可读性较好，无障碍阅读，搜索引擎可以根据标签的语言确定上下文和权重问题，移动设备能够更完美地展现网页（对 CSS 支持较弱的设备），便于团队维护和开发。

（3）现状。很多大型公司的前端开发人员都很注重标签语义化，团队组员能够很好地理解页面结构，便于维护。使用语义化标签搭建网页的整体结构效果如图 7-4-1 所示。

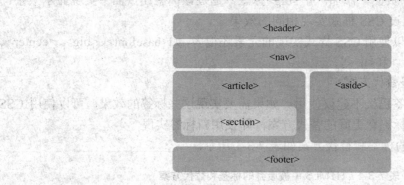

图 7-4-1 语义化的页面结构

2. 语义化标签

【技能目标】掌握语义化标签在页面中的基本使用方法，初步理解使用语义化标签搭建网页的逻辑。

【语法格式】

```
<word></word>
```

【格式说明】语义化标签，即根据搭建页面的作用设置标签值。

【案例演示】需求：使用<nav>标签，搭建页面导航效果。根据上述功能，新建一个名称为 h7_4_1.html 的文件，在页面中加入如清单 7-4-1 所示的代码。

清单 7-4-1 页面文件 h7_4_1.html 的源文件

```
<!DOCTYPE html>
<html lang="en">
<head>
    <meta charset="UTF-8">
```

```
    <title>Title</title>
    <style>
        nav{
            margin-left: 50px;
            margin-top: 20px;
        }
        nav a{
            background: whitesmoke;
        }
    </style>
</head>
<body>
    <nav>
        <a href="###">首页</a> |
        <a href="###">新闻</a> |
        <a href="###">图片</a> |
        <a href="###">视频</a>
    </nav>
</body>
</html>
```

页面文件 h7_4_1.html 在 Chrome 浏览器中执行后，显示的效果如图 7-4-2 所示。

图 7-4-2　页面文件 h7_4_1.html 在浏览器中执行的效果

【案例实践】新建一个页面，在页面中，使用<header>标签和<footer>标签，搭建页面头部和底部效果，理解在页面中语义化元素所带来的优势。

【扩展知识】常用语义化标签还有很多，如<title></title>、<header></header>、<nav></nav>、<main></main>、<article></article>、<section></section>、<aside></aside>、<footer></footer>、<time></time>、<address></address>等。

7.5　网页中第三方插件的调用方式

Web 前端为我们提供封装好的一些非常好用的开源库和插件，如现在流行的开源库框架 jQuery、EasyUI、Bootstrap、jQuery UI 等，要使用这些开源库可以在网页的头部导入库进行使用。下面我们将学习如何引入这些常用框架。

1．头部导入库的方式

在使用框架前，需要将要用到的库文件导入项目中，然后通过<script>标签将库文件导入网页的头部。

【语法格式】

```
<script type="text/javascript" src="./"></script>
```

【格式说明】在页面头部设置<script>标签，其功能是在页面中通过<script>标记导入另外一个 JS 格式的文件，其中设置 src 属性值为框架相对于本页面的路径。

【案例演示】需求：在页面中导入 jQuery 框架，通过 jQuery 语法完成一个点击事件。根据上述功能，新建一个名称为 h7_5_1.html 的文件，在页面中加入如清单 7-5-1 所示的代码。

清单 7-5-1　页面文件 h7_5_1.html 的源文件

```
<!DOCTYPE html>
<html lang="en">
<head>
    <meta charset="UTF-8">
    <title>Title</title>
    <script src="jquery.js"></script>
</head>
<body>
    <button id="btn">按钮</button>
    <script>
        $('#btn').click(function () {
            alert('点击');
        })
    </script>
</body>
</html>
```

页面文件 h7_5_1.html 在 Chrome 浏览器中执行后，显示的效果如图 7-5-1 所示。

图 7-5-1　页面文件 h7_5_1.html 在浏览器中执行的效果

【案例实践】新建一个页面，并在页面的<head>元素导入 Bootstarp 框架，通过 Bootstarp 中的 API，向页面添加一个页面导航条，并实现相应的导航功能。

【扩展知识】在页面中，除了导入本地的框架外，还可以把 src 属性值设置为 cdn 路径。

2. iframe 元素方式导入

采用 iframe 标签可以导入外部的资源文件进行展示，比如我们自己写好的一些框架页面、UI 架构，可以直接通过 iframe 的方式导入外部的资源进行展示。

【语法格式】

```
<iframe id="" name="" src=""></iframe>
```

【格式说明】上述格式代码的功能是，通过<iframe>元素向页面导入另外一个地址的文件，其中"id"、"name"、"src"属性分别用于设置元素的 ID 号与名称，"src"属性值为外部资源路径。

【案例演示】需求：在页面中添加一个<iframe>标签，并设置 src 属性值为百度首页的域名，查看效果。根据上述功能，新建一个名称为 h7_5_2.html 的文件，在页面中加入如清单 7-5-2 所示的代码。

清单 7-5-2 页面文件 h7_5_2.html 的源文件

```
<!doctype html>
<!DOCTYPE html>
<html lang="en">
<head>
    <meta charset="UTF-8">
    <title>Title</title>
    <style>
        #ifr{
            width: 800px;
            height: 300px;
        }
    </style>
</head>
<body>
<iframe id="ifr" src="https://www.baidu.com/"
        frameborder="10"></iframe>
</body>
</html>
```

页面文件 h7_5_2.html 在 Chrome 浏览器中执行后，显示的效果如图 7-5-2 所示。

图 7-5-2 页面文件 h7_5_2.html 在浏览器中执行的效果

【案例实践】新建一个页面，在页面中添加一个<iframe>标签，自定义一个 out.html 页面，设置 src 属性值为自定义页面的相对路径，查看页面效果。

【扩展知识】<iframe>中有一个 sandbox 属性，该属性可以启用一系列对 <iframe> 中内容的额外限制，该属性值有 allow-forms、allow-same-origin、allow-scripts、allow-top-navigation。

7.6 HTML5 中新增的全局属性

在 HTML 中，属性能够赋予元素一定的含义和语境。但是很多属性的使用是有限制的。在 HTML5 中新增了一个"全局属性"的概念。所谓全局属性，是指可以对任何元素都使用的属性。

1. hidden 属性

【语法格式】

```
<element hidden="value">
```

【格式说明】在 HTML 中所有元素都允许使用一个 hidden 属性，该属性类似于 input 元素中的 hidden 元素，功能是通知浏览器不渲染该元素，使该元素处于不可见状态，为 true 时，不可见。

【案例演示】需求：设置两个<div>盒子，通过使用 hidden 属性将其中一个隐藏，另外一个显示。根据上述功能，新建一个名称为 h7_6_1.html 的文件，在页面中加入如清单 7-6-1 所示的代码。

清单 7-6-1　页面文件 h7_6_1.html 的源文件

```
<!doctype html>
<html>
<head>
    <meta charset="utf-8">
    <title>无标题文档</title>
    <style>
        .box{
            width: 200px;
            height: 200px;
            background: orange;
        }
    </style>
</head>
<body>
<div class="box">我是 div 区域 hidden 为 false</div>
<div hidden="true" class="box">我是 div 区域 hidden 为 true</div>
</body>
</html>
```

页面文件 h7_6_1.html 在 Chrome 浏览器中执行后，显示的效果如图 7-6-1 所示。

图 7-6-1　页面文件 h7_6_1.html 在浏览器中执行的效果

【案例实践】新建一个页面，设置多个<div>标签，通过使用 hidden 属性将其隐藏，通过按钮点击，切换<div>盒子的显示状态。

【扩展知识】在页面中，除了 hidden 属性可以设置盒子显示隐藏外，还有一个 display 属性可以设置元素如何显示，可以设置属性值为 none，让其隐藏。

2. spellcheck 属性

【语法格式】

```
<element spellcheck="value">
```

【格式说明】该属性是 HTML5 针对 input 元素（type=text）与 textarea 这两个文本输入框提供的一个新属性，用于拼写语法的检查。属性值为布尔值，书写时必须明确声明属性值为 true 或 false。

【案例演示】需求：在页面中添加一个文本域标签<textarea>，并设置 spellcheck 属性值为 true；对用户输入的内容进行语法和拼写检测，查看效果。根据上述功能，新建一个名称为 h7_6_2.html 的文件，在页面中加入如清单 7-6-2 所示的代码。

清单 7-6-2　页面文件 h7_6_2.html 的源文件

```
<!doctype html>
<html>
<head>
    <meta charset="utf-8">
    <title>无标题文档</title>
</head>
<body>
个人简介
<textarea spellcheck="true" cols="30" rows="10"></textarea><br/>
</body>
</html>
```

页面文件 h7_6_2.html 在 Chrome 浏览器中执行后，显示的效果如图 7-6-2 所示。

图 7-6-2　页面文件 h7_6_2.html 在浏览器中执行的效果

【案例实践】新建一个页面，在页面中添加一个文本域标签<input>，并设置 type 属性值为 text，spellcheck 属性值为 true。对用户输入的内容进行语法和拼写检测，查看效果。

【扩展知识】在 HTML5 中全局属性有很多，如 contentEditable、designMode、tabindex 等。

7.7　企业官方首页

HTML5 中废弃了一些标签，并且新增了许多语义化标签。使用语义化标签开发的代码便于维护。本节我们使用语义化标签实现一个企业首页面，包括头部、侧边栏、主区域、底部四部分。接下来详细介绍这个项目。

【任务描述】使用语义化标签实现一个企业首页面，包括头部、侧边栏、主区域、底部四部分。

【页面结构】根据上述功能，新建一个名称为 index.html 的文件，在页面中加入如清单 7-7-1 所示的代码。

清单 7-7-1　页面文件 index.html 的源文件

```
<div class="wrap">
    <header class="top-header">
        <img class="logo" src="images/1logo.png"
            alt="宅客学院">
        <nav class="top-menu">
```

```
                <ul>
                    <li class="selected">
                        <a title="宅客学院主页">主页</a>
                    </li>
                    <!--导航项...--->
                </ul>
            </nav>
        </header>
        <aside class="left-aside">
            <section class="news">
                <header>
                    <h3>开启您的学习之旅！</h3>
                </header>
                <p>
                    宅客学院...<br/>
                    <a href="#">点击这里</a>了解更多详情
                </p>
            </section>
            <section class="drinks">
                <header>
                    <h3>宅客学院开设课程</h3>
                </header>
                <figure>
                    <img src="images/Java 大数据.png"
                alt="Java 大数据">
                    <figcaption>Java 大数据</figcaption>
                </figure>
                <figure class="figure-r">
                    <img src="images/web 全栈.png"
                    alt="web 全栈"/>
                    <figcaption>web 全栈</figcaption>
                </figure>
                <div class="clear"></div>
            </section>
        </aside>
        <main>
            <article>
                <header>
                    <h3>将 HTML 标签和 CSS 样式表分割开来</h3>
                    <time datetime="2016-05-20">
                2016 年 5 月 20 日
                    </time>
                </header>
                <p>
                    好的页面...
                <p>
                    不要在...
                </p>
                <p>
                    关键字：
                    <b>HTML</b>，<b>web</b>，
                </p>
                <footer>
                    <span>阅读(100)</span>
                    <span>评论(2)</span>
                </footer>
            </article>
```

```
            <article class="last-article">
                //...
            </article>
        </main>
    </div>
    <footer class="page-footer">
        ©2017 宅客学院科技有限公司 版权所有 京 ICP 备 150****-3 号
    </footer>
```

另外，新建一个名称为 css.css 的文件，在页面中加入如清单 7-7-2 所示的代码。

清单 7-7-2　页面文件 css.css 的主要代码文件

```
.logo{
    float: left;
    margin-left: 20px;
    margin-top: 40px;
}
.top-menu{
    float: left;
    margin-top: 83px;
    margin-left: 30px;
}
.left-aside{
    float: left;
    width: 350px;
}
main{
    background: whitesmoke;
    padding: 20px;
    margin-left: 360px;
}
.page-footer{
    clear: both;
    padding: 15px;
    margin-top: 10px;
    background-color: grey;
    color: #efe5d0;
    text-align: center;
    font-size: 90%;
}
```

【页面布局】页面文件 index.html 在 Chrome 浏览器中执行后，显示的效果如图 7-7-1 所示。

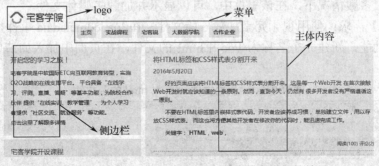

图 7-7-1　页面文件 index.html 在浏览器中执行的效果

【源码分析】代码中通过使用新语义标签搭建整体页面结构。由于新语义标签没有特定样式，所以还需新建一个样式文件，在样式文件中设置导航、侧边栏和主体内容区域的页面效果。

第 8 章

HTML5 多媒体相关处理

本章学习目标：

◆ 了解适合多媒体的事件类型。

◆ 理解 HTML5 中扩展的表单控件。

◆ 了解操作视频、音频的全局接口。

◆ 掌握视频、音频中添加字幕的方式。

8.1 适合多媒体的事件类型

在 HTML5 中，新增了两个元素——video 元素与 audio 元素，其中 video 元素专门用来播放视频或在线电影，而 audio 元素专门用来播放音频或在线音乐。随着用户对在线播放和收听的需求越来越多，这两个元素也渐渐被开发人员所喜爱。接下来进行详细介绍。

1. 多媒体元素的 loadedmetadata 事件

【技能目标】掌握多媒体元素在播放文件时的基本用法，理解媒体元素绑定事件的过程和方法，能够在多媒体元素的绑定事件中完成相关需求。

【语法格式】

```
多媒体元素.onloadedmetadata = function () {
    //实现触发事件的代码
}
```

【格式说明】多媒体元素中的 loadedmetadata 事件在浏览器完成获取多媒体文件的时长和字节数时触发，多数情况下，在该事件中，可以显示并加载多媒体文件。

【案例演示】需求：使用视频元素加载一段文件，在 loadedmetadata 事件显示文件播放时长。根据上述功能，新建一个名称为 vdo_1.html 的文件，在页面中加入如清单 8-1-1 所示的代码。

清单 8-1-1　页面文件 vdo_1. html 的源文件

```
//省略头部元素
<body>
    <video id="vdo" name="vdo"
        width="260" controls="controls"
        src="https://az813057.vo.msecnd.net/testdrive/ieblog/2011/nov/
pp4_blog_demo.mp4">
        你的浏览器不支持视频元素
    </video>
    <div id="tip">...</div>
```

```
    <script type="text/javascript">
        var vdo=document.getElementById("vdo");
        var tip=document.getElementById("tip");
        vdo.onloadedmetadata = function () {
            tip.innerHTML = vdo.duration;
        }
    </script>
</body>
```

页面文件 vdo_1.html 在 Chrome 浏览器中执行后，显示的效果如图 8-1-1 所示。

图 8-1-1　页面文件 vdo_1.html 在浏览器中执行的效果

【案例实践】新建一个页面，并添加一个视频 video 元素，在视频元素的 loadedmetadata 事件中，向控制台输入一段 "视频文件已加载完成！" 的字符内容。

【扩展知识】需要说明的是，通过调用视频元素的 "duration" 属性可以获取视频文件播放的总时长，它的单位是秒。此外，还可调用视频元素的 "currentTime" 属性获取当前的播放时间。

2．多媒体元素的 timeupdate 事件

【技能目标】掌握视频元素捕获事件的方法，理解 timeupdate 事件触发的时机，能够根据该事件的触发，编写代码实现相应的需求。

【语法格式】

```
多媒体元素.ontimeupdate= function () {
    //实现触发事件的代码
}
```

【格式说明】与视频元素的 loadedmetadata 事件不同，timeupdate 事件当播放的位置或时间发生变化时触发，如用户拖动进度条、视频文件播放过程中时间变化时触发。

【案例演示】需求：在页面中，添加一个视频元素，当触发 timeupdate 事件时显示当前播放的时间。根据上述功能，新建一个名称为 vdo_2.html 的文件，在页面中加入如清单 8-1-2 所示的代码。

清单 8-1-2　页面文件 vdo_2. html 的源文件

```
//省略头部元素
<body>
    <video id="vdo" name="vdo"
        width="260" controls="controls"
```

```
            src="https://az813057.vo.msecnd.net/testdrive/ieblog/2011/nov/
pp4_blog_demo.mp4">
            你的浏览器不支持视频元素
    </video>
    <div id="tip">...</div>
    <script type="text/javascript">
        var vdo=document.getElementById("vdo");
        var tip=document.getElementById("tip");
        vdo.ontimeupdate = function () {
            tip.innerHTML = vdo.currentTime;
        }
    </script>
</body>
```

页面文件 vdo_2.html 在 Chrome 浏览器中执行后，显示的效果如图 8-1-2 所示。

图 8-1-2　页面文件 vdo_2.html 在浏览器中执行的效果

【案例实践】新建一个页面，在页面中添加一个视频元素，并绑定元素的"timeupdate"事件，在事件中通过控制台输出当前视频元素播放的时间值。

【扩展知识】需要说明的是，"timeupdate"事件的触发时机是播放的时间发生了变化，这种变化包括人为拖动滑动条、快进或慢退的操作，因为这些操作都会影响到时间的变化。

8.2　HTML5 中扩展的表单控件

在 HTML5 中，表单元素新增了很多类型和属性，用于提升用户的体验与交互，如输入框元素中的"form"和"autocomplete"属性，前者用于设置<input>元素属性的表单，后者用于设置<input>元素是否拥有自动完成的功能。接下来进行详细介绍。

1. 表单元素的 form 属性

【技能目标】掌握表单元素 form 属性的基本用法，理解 form 属性绑定<input>元素的原理和过程，能够调用 form 属性实现相应的功能。

【语法格式】

```
<element form="表单 ID 号"  />
```

【格式说明】element 表示<input />元素，form 属性值是表单的 ID 号，当<input />元素通过 form 属性绑定了某个表单元素后，那么它就属于该表单，即使该元素不在表单中。

【案例实践】需求：在表单元素外添加一个<input />元素，并绑定 form 属性，查看提交数据时的效果。根据上述功能，新建一个名称为 frm_1.html 的文件，在页面中加入如清单 8-2-1 所示的代码。

清单 8-2-1　页面文件 frm_1. html 的源文件

```
//省略头部元素
<body>
    <fieldset>
        <legend>输出姓名</legend>
        <input type="text" id="name"
            form="frm"
            name="name">
    </fieldset>
    <form action="#" id="frm">
        <input type="submit" value="提交">
    </form>
</body>
```

页面文件 frm_1.html 在 Chrome 浏览器中执行后，显示的效果如图 8-2-1 所示。

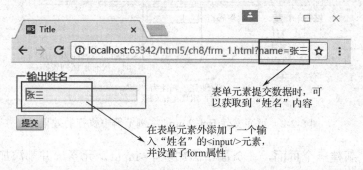

图 8-2-1　页面文件 frm_1.html 在浏览器中执行的效果

【案例实践】新建一个页面，添加一个表单元素，在表单元素的外面添加多个< input />类型的元素，并分别对这些元素设置 form 属性，当单击表单中的"提交"按钮时，查看提交的数据。

【扩展知识】需要说明的是，所有<input />类型的元素都支持 form 属性，该属性的值可以是单个表单元素的 ID 名称，也可以是多个 ID 名称，它们之间用空格隔开。

2. 表单元素的 autocomplete 属性

【技能目标】掌握表单元素 autocomplete 属性的基本用法，理解 autocomplete 属性绑定<input>元素的原理和过程，能够调用 autocomplete 属性实现相应的功能。

【语法格式】

```
<element autocomplete="on/off" />
```

【格式说明】element 表示<input />元素，autocomplete 属性值是"on"或"off"，如果是"on"，则表示开启自动完成的功能；如果是"off"，则表示关闭自动完成的功能。

【案例演示】需求：向两个<input />元素添加 autocomplete 属性，将值设为"on"或"off"，观察效果。根据上述功能，新建一个名称为 frm_2.html 的文件，在页面中加入如清单 8-2-2 所示的代码。

清单 8-2-2　页面文件 frm_2. html 的源文件

```
//省略头部元素
<body>
    <form action="#">
        <label for="name">姓名：</label>
        <input type="text" id="name" class="txt"
            autocomplete="on" name="name">
        <label for="name">姓名 2：</label>
        <input type="text" id="name2" class="txt"
            autocomplete="off" name="name2">
    </form>
</body>
```

页面文件 frm_2.html 在 Chrome 浏览器中执行后，显示的效果如图 8-2-2 所示。

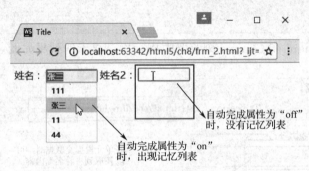

图 8-2-2　页面文件 frm_2.html 在浏览器中执行的效果

【案例实践】新建一个页面，在页面中添加多个<input />元素，并都添加"autocomplete"属性，设置一些元素的属性值为"on"，另一些元素的属性值为"off"，观察它们的区别。

【扩展知识】需要说明的是，不仅所有的<input />元素都拥有 autocomplete 属性，而且<form>表单元素也有该属性；在某些浏览器中，需要启用自动完成功能，才使得该属性生效。

8.3　操作视频和音频控件的全局接口

在 HTML5 中，视频元素不仅有很多非常实用的事件，而且它还拥有很多简单、高效的方法和属性，通过方法处理视频、音频文件的播放和暂停，根据属性可以很便捷地获取视频元素文件加载时的各种状态。接下来进行详细介绍。

1．视频和音频控件的方法

【技能目标】掌握视频元素播放和暂停方法的调用，理解视频方法调用的过程和原理，能够根据实际的开发需求，通过调用视频元素的方法实现相关功能。

【语法格式】

```
音/视频元素.play();
音/视频元素.pause();
```

【格式说明】音/视频元素的 play()方法用于播放当前的音频或视频，音/视频元素的 pause ()方法用于停止（暂停）当前播放的音频或视频，所有主流浏览器都支持这两个方法。

【案例演示】需求：在页面添加视频元素和"播放"及"暂停"按钮，分别实现播放和暂

停的功能。根据上述功能，新建一个名称为 vdo_3.html 的文件，在页面中加入如清单 8-3-1
所示的代码。

清单 8-3-1　页面文件 vdo_3. html 的源文件

```
//省略头部元素
<body>
    <video id="vdo" name="vdo"
        width="260" controls="controls"
        src="https://az813057.vo.msecnd.net/testdrive/ieblog/2011/nov/
pp4_blog_demo.mp4">
            你的浏览器不支持视频元素
    </video>
    <div>
        <input type="button" id="play" value="播放">
        <input type="button" id="pause" value="暂停">
    </div>
    <script type="text/javascript">
        var vdo=document.getElementById("vdo");
        var play=document.getElementById("play");
        var pause=document.getElementById("pause");
        play.onclick=function () {
            vdo.play();
        }
        pause.onclick=function () {
            vdo.pause();
        }
    </script>
</body>
```

页面文件 vdo_3.html 在 Chrome 浏览器中执行后，显示的效果如图 8-3-1 所示。

图 8-3-1　页面文件 vdo_3.html 在浏览器中执行的效果

【案例实践】新建一个页面，增加一个视频元素，同时添加两个按钮，一个用于"播放"，
另一个用于"暂停"，当单击这两个按钮时，分别实现各自的功能。

【扩展知识】需要说明的是，由于音/视频元素是 HTML5 中新增的类型，因此，浏览器必
须支持 HTML5 且支持音/视频元素，都可以调用这两个方法，Internet Explorer 8 及更早版本
不支持该方法。

2．视频和音频控件的属性

【技能目标】掌握音/视频元素 paused 和 ended 属性的基本用法，理解调用音/视频元素属
性的过程和工作原理，能根据实现的需求，利用属性的调用实现相应功能。

【语法格式】

```
音/视频元素.paused;
音/视频元素.ended;
```

【格式说明】音/视频元素的 paused 属性表示设置或返回音/视频是否暂停，ended 属性则表示返回音/视频的播放是否已结束，这两个属性是非常常见和通用的属性。

【案例演示】需求：在页面中添加视频元素，单击"获取"按钮时，显示播放与是否完成的状态。根据上述功能，新建一个名称为 vdo_4.html 的文件，在页面中加入如清单 8-3-2 所示的代码。

清单 8-3-2　页面文件 vdo_4. html 的源文件

```
//省略头部元素
<body>
    <video id="vdo" name="vdo"
            width="260" controls="controls"
            src="https://az813057.vo.msecnd.net/testdrive/ieblog/2011/nov/
pp4_blog_demo.mp4">
            你的浏览器不支持视频元素
    </video>
    <div id="tip">...</div>
    <div>
        <input type="button" value="获取" id="btnGet">
    </div>
    <script type="text/javascript">
        var vdo=document.getElementById("vdo");
        var tip=document.getElementById("tip");
        var btnGet=document.getElementById("btnGet");
        var html="";
        btnGet.onclick=function () {
            html += "当前播放状态：" + ((vdo.paused) ? "暂停" : "播放") + "<br />";
            html += "是否播放完毕：" + vdo.ended + "<br />";
            tip.innerHTML = html;
        }
    </script>
</body>
```

页面文件 vdo_4.html 在 Chrome 浏览器中执行后，显示的效果如图 8-3-2 所示。

图 8-3-2　页面文件 vdo_4.html 在浏览器中执行的效果

【案例实践】新建一个页面，结合视频元素的方法与属性，添加一个"播放"按钮。当单击按钮时，先检测视频的播放状态，根据状态进行播放或者暂停方法的调用。

【扩展知识】需要说明的是，除了上面介绍的两个音/视频元素的属性外，还有很多非常实用的属性，如"controls"用于设置或返回音/视频是否显示控件，"autoplay"用于设置或返回是否在加载完成后随即播放音/视频，"loop"用于设置或返回是否要循环播放。

8.4　音/视频中字幕的显示方式及错误处理方式

目前，绝大部分的浏览器都对 HTML5 提供良好的支持，但对字幕的支持却非常少。值得庆幸的是，有一个名为 WebVTT（网络视频文本轨道）的新格式标准很好地解决了这个问题，且 IE 10 率先对 HTML5 Video 字幕提供了支持。接下来进行详细介绍。

1. track 元素的基础知识

【技能目标】掌握 WebVTT 格式创建文件基本用法，理解使用<track>元素绑定字幕文件的方法，能够通过<track>元素绑定字幕文件，实现与视频文件播放时的同步显示。

【语法格式】

```
WEBVTT
时间范围
字幕内容
时间范围
字幕内容
...
```

【格式说明】上述是一个 WebVTT 格式的文件，它的本质是一个以.vtt 为扩展名的文本文件，内容先以 WEBVTT 开头，然后添加时间范围段，之后添加字幕内容，再空一段，以此类推。

【案例演示】需求：在页面中播放视频文件过程中，在指定的时间段内显示设置的字幕内容。根据上述功能，新建一个名称为 vdo_5.html 的文件，在页面中加入如清单 8-4-1 所示的代码。

清单 8-4-1　页面文件 vdo_5. html 的源文件

```
//省略头部元素
<body>
    <video id="vdo" name="vdo"
        width="260" controls="controls"
        src="https://az813057.vo.msecnd.net/testdrive/ieblog/2011/nov/
pp4_blog_demo.mp4">
        你的浏览器不支持视频元素
        <track src="en_track.vtt" srclang="en" label="自定义字幕"
kind="caption" default>
    </video>
</body>
```

在页面代码中，通过<track>元素调用了一个名为"en_track"的字幕文件，因此，新建一个文本文件，并将扩展名改为".vtt"，加入如清单 8-4-2 所示的代码。

清单 8-4-2　字幕文件 en_track.vtt 的源文件

```
WEBVTT
00:00:01.678 --> 00:00:05.234
今天天气非常好，明天天气会更好。
00:00:08.508 --> 00:00:15.286
今天下雨了，明天会是一个晴天。
```

页面文件 vdo_5.html 在 IE 11 浏览器中执行后，显示的效果如图 8-4-1 所示。

图 8-4-1　页面文件 vdo_5.html 在浏览器中执行的效果

【案例实践】新建一个页面，在页面中添加一个视频元素，并且添加一个字幕文件与视频元素进行绑定，当开始播放视频时，字幕文字在指定的时间内显示在视频中。

【扩展知识】需要说明的是，由于 WebVTT 字幕文件的 MIME 类型约定是"text/vtt"，因此，为了确保该文件能在浏览器中被调用，需要在 IIS 或 Apache 等 Web 服务器中配置。

2．多个 track 元素相互切换

【技能目标】掌握视频元素在播放过程中多个字幕文件间的相互切换方法，理解多个字幕文件绑定视频元素的过程，能够实现多字幕快速切换的显示效果。

【语法格式】

```
<track src="目标文件" srclang="语言类型" label="标题" kind="种类">
```

【格式说明】在上述语法格式代码中，"src"属性表示字幕文件的 URL 地址，"srclang"表示字幕文件的语言类型，"label"表示字幕标签，为切换字幕时显示的名称，"kind"表示字幕类型。

【案例演示】需求：在视频文件播放的过程中，可以切换不同类型的字幕文字。根据上述功能，新建一个名称为 vdo_6.html 的文件，在页面中加入如清单 8-4-3 所示的代码。

清单 8-4-3　页面文件 vdo_6. html 的源文件

```
//省略头部元素
<body>
    <video id="vdo" name="vdo"
        width="260" controls="controls"
        src="https://az813057.vo.msecnd.net/testdrive/ieblog/2011/nov/
pp4_blog_demo.mp4">
        你的浏览器不支持视频元素
        <track src="en_track2.vtt" srclang="en" label="English" kind=
"caption" default>
        <track src="cn_track2.vtt" srclang="zh-cn" label="简体中文" kind=
"caption">
```

```
        </video>
    </body>
```

在页面代码中，通过<track>元素调用了一个名为"en_track2"和"cn_track2"的字幕文件，这两个文件的代码如清单 8-4-4 和清单 8-4-5 所示。

清单 8-4-4　字幕文件 en_track2.vtt 的源文件

```
WEBVTT
00:00:01.878 --> 00:00:05.334
The weather is fine today and
the weather will be better tomorrow
00:00:08.608 --> 00:00:15.296
It's going to rain tomorrow,
but the day after tomorrow will be fine
```

清单 8-4-5　字幕文件 cn_track2.vtt 的源文件

```
WEBVTT
00:00:01.878 --> 00:00:05.334
今天天气很好，明天天气会更好
00:00:08.608 --> 00:00:15.296
明天会下雨，但后天就晴天了
```

页面文件 vdo_6.html 在 IE 10 浏览器中执行后，显示的效果如图 8-4-2 所示。

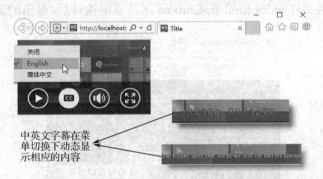

中英文字幕在菜单切换下动态显示相应的内容

图 8-4-2　页面文件 vdo_6.html 在浏览器中执行的效果

【案例实践】新建一个页面，当页面中的视频文件在播放时，绑定两个字幕文件，一种为"中该简体"，另一种为"韩语"，在文件播放过程中，可以动态切换这两种字幕显示的效果。

【扩展知识】需要说明的是，绑定视频播放的字幕文件内容还可以添加样式效果，如粗体文本为我是粗体，斜体文本为<i>我是斜体</i>，带下画线的文本为<u>我是有下画线文本</u>。

8.5　播放多媒体文件

在 HTML 发展的初期，网页上只能呈现文字内容，这样的网页着实让人感到枯燥。直到可以支持多媒体文件的网页出现，这极大地改变了人们对网页的认知，用户通过网页可以浏览到更多的信息，网页展现效果更丰富。接下来详细介绍这个项目。

【任务描述】掌握如何在 HTML 中展示多媒体视频文件，能具有视频播放、暂停、视频放大/缩小的功能，如何给视频窗口设置默认的展示大小。

【页面结构】根据上述功能，新建一个名称为 indcx.html 的文件，在页面中加入如清单 8-5-1 所示的代码。

清单 8-5-1　页面文件 index.html 的源文件

```
<!DOCTYPE html>
<html>
<head lang="en">
    <meta charset="UTF-8">
    <title></title>
    <style>
        #vi{
            background: whitesmoke;
            margin: 10px auto;
        }
    </style>
</head>
<body>
<video id="vi" src="car.mp4" controls = "controls" height="300px" width=
"500px" poster="1.png">
</video>
</body>
</html>
```

【页面布局】页面文件 index.html 在 Chrome 浏览器中执行后，显示的效果如图 8-5-1 所示。

图 8-5-1　页面文件 index.html 在浏览器中执行的效果

【源码分析】代码中用 video 标签展示多媒体视频文件，指定 video 的 src 资源为"car.mp4"、controls 控制条、width 和 height 的宽高分别为 500px 和 300px、poster 封面填充图，并且 CSS 制定样式 background 为 whitesmoke，视频元素水平居中。

第 9 章

HTML5 图形图像相关处理

本章学习目标：

◆ 掌握并理解画布元素的基本功能。

◆ 了解 svg 的基本使用方法和功能。

9.1 画布功能

画布（canvas）是 HTML5 中新增的元素，而这个元素的自身没有绘制能力，需要依赖元素所提供的上下文环境，即元素调用 getContext() 方法返回的对象，实现绘制图形、图像、文字的功能。接下来详细介绍这个元素的功能。

1. 画布的基础知识

【技能目标】掌握画布的基本用法，理解画布调用的基本流程、画布使用过程中的位置概念，并能够通过画布元素实现一些形状的绘制。

【语法格式】

```
<canvas>
      你的浏览器不支持画布元素
</canvas>
<script type="text/javascript">
    //获取画布元素
    var cvs=document.getElementById("cvs");
    //获取元素的上下文对象
    var cxt=cvs.getContext("2d");
</script>
```

【格式说明】当浏览器不支持画布元素时，显示<canvas>元素中包含的内容；在绘制时，首先获取画布元素对象，然后通过画布对象返回上下文环境对象，最后调用环境对象进行绘制。

【案例演示】需求：调用画布元素的上下文环境对象，绘制一个红色的正方形边框。根据上述功能，新建一个名称为 cvs_1.html 的文件，在页面中加入如清单 9-1-1 所示的代码。

清单 9-1-1　页面文件 cvs_1.html 的源文件

```
//头部文件代码省略
<body>
    <canvas id="cvs"
            name="cvs"
            width="200"
            height="200"
            style="border: dashed 1px #ccc">
```

```
                    你的浏览器不支持画布元素
    </canvas>
    <script type="text/javascript">
        //获取画布元素
        var cvs=document.getElementById("cvs");
        //获取元素的上下文对象
        var cxt=cvs.getContext("2d");
        //设置绘制颜色
        cxt.strokeStyle='red';
        //绘制形状路径
        cxt.strokeRect(20,20,50,50);
        //填充路径
        cxt.stroke();
    </script>
</body>
```

页面文件 cvs_1.html 在 Chrome 浏览器中执行后，显示的效果如图 9-1-1 所示。

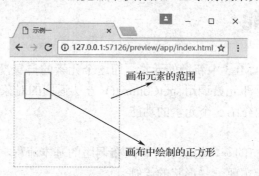

图 9-1-1　页面文件 cvs_1.html 在浏览器中执行的效果

【案例实践】新建一个页面，添加一个画布元素，并在画布元素中绘制一个长度为 300，高度为 300，边框为蓝色的正方形，该正方形距离页面原点的坐标是 X=50，Y=60。

【扩展知识】在使用画布绘制形状时，先要通过"strokeStyle"设置绘制时的颜色，接下来，使用上下文环境对象的"strokeRect"方法，绘制形状的路径，该方法中第一、二个参数为形状与画布原点的 X、Y 坐标，第三、四个参数为形状的宽度与高度，最后执行"stroke()"进行绘制。

2．使用画布绘制直线

【技能目标】掌握画布绘制线条的基本方法，理解 lineTo()、moveTo()这两个方法的运用过程，能够调用这两个方法，在画布中绘制各类直线图形。

【语法格式】

```
//绘制线的开始坐标
cxt.moveTo(40,40);
//绘制线的开始坐标
cxt.lineTo(130,160);
//填充路径
cxt.stroke();
```

【格式说明】画布的上下文环境对象中的"moveTo"方法，功能是创建一个新的起始点元素，然后通过"lineTo()"方法，把路径移到指定的坐标位置，最后调用"stroke()"方法绘制。

【案例演示】需求：调用画布元素的上下文环境对象，绘制一条指定开始与结束坐标的红色直线。根据上述功能，新建一个名称为 cvs_2.html 的文件，在页面中加入如清单 9-1-2 所示的代码。

清单 9-1-2 页面文件 cvs_2.html 的源文件

```
//省略页面元素定义的代码
<script type="text/javascript">
        //获取画布元素
        var cvs=document.getElementById("cvs");
        //获取元素的上下文对象
        var cxt=cvs.getContext("2d");
        //设置绘制颜色
        cxt.strokeStyle='red';
        //绘制线的起始坐标
        cxt.moveTo(40,40);
        //绘制线的终点坐标
        cxt.lineTo(130,160);
        //填充路径
        cxt.stroke();
</script>
```

页面文件 cvs_2.html 在 Chrome 浏览器中执行后，显示的效果如图 9-1-2 所示。

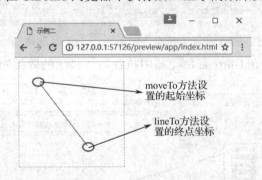

图 9-1-2 页面文件 cvs_2.html 在浏览器中执行的效果

【案例实践】新建一个页面，添加一个画布元素，并在画布元素中通过调用moveTo与lineTo这两个方法，绘制一个直角三角形的形状效果。

【扩展知识】在使用画布元素绘制直线时，除了使用"moveTo()"和"lineTo()"这两个固定的方法之外，还可以调用"lineWidth"属性设置线条的宽度，"lineJoin"属性设置两条线条相交时拐角的类型。开发人员在需要时可通过上下文环境对象调用这两个属性。

3．使用画布绘制图片

【技能目标】掌握画布绘制图片的方法，能够熟练运用画布绘制图片的API，实现在画布中绘制图片的功能，并且可以指定绘制图片的大小。

【语法格式】

```
cxt.drawImage(img,x,y);
cxt.drawImage(img,x,y,width,height);
```

【格式说明】调用上下文环境对象的"drawImage()"方法，实现在画布中绘制图片的功能。该方法可添加多个参数，如果是三个，则第一个参数为图片对象，其余两个参数分别为绘制图片的起点坐标；如果是五个参数，则前三个与第一种相同，后两个参数是图片的宽度与高度。

【案例演示】需求：调用画布中绘制图片的API，分别在画布中绘制原图片尺寸图片和指定尺寸的图片。根据上述功能，新建一个名称为 cvs_3.html 的文件，在页面中加入如清单 9-1-3 所示的代码。

清单 9-1-3　页面文件 cvs_3.html 的源文件

```
//省略页面元素定义的代码
<script type="text/javascript">
    //获取画布元素
    var cvs=document.getElementById("cvs");
    //获取元素的上下文对象
    var cxt=cvs.getContext("2d");
    //实例化一个图片对象
    var img=new Image();
    //设置图片的来源
    img.src='images/timg.jpg';
    //图片加载成功后，绘制图片
    img.onload=function(e){
        //在画布中绘制图片
        cxt.drawImage(this,10,10);
        cxt.drawImage(this,60,80,100,100);
    }
</script>
```

页面文件 cvs_3.html 在 Chrome 浏览器中执行后，显示的效果如图 9-1-3 所示。

图 9-1-3　页面文件 cvs_3.html 在浏览器中执行的效果

【案例实践】新建一个页面，添加一个画布元素，并在画布元素中通过调用图片绘制 API，绘制一张指定起始坐标和宽高的图片。

【扩展知识】除了在画布中绘制图片外，还可以在画布中缩放图片指定的区域，调用的 API 格式如下所示。

```
cxt.drawImage(img,sx,sy,swidth,sheight,x,y,width,height);
```

其中，img 参数表示被绘制的图片对象；sx、sy 表示开始剪切时图片的 x、y 坐标；swidth、sheight 表示被剪切图片的宽度与高度；参数 x、y 表示剪切后的图片在画布中的坐标值；最后的一组参数 width、height 表示剪切后的图片在画布中的宽度与高度。

4. 使用画布绘制文字

【技能目标】掌握使用画布绘制文字的方法，能够熟练运用使用画布绘制文字的 API，实现在画布中绘制文字的功能，并且可以设置文字的对齐方式与不同的字体。

【语法格式】

```
cxt.font="字体格式";
cxt.fillText(text,x,y,maxWidth);
```

【格式说明】调用上下文环境对象的"fillText ()"方法，可以实现在画布中绘制文字的功能。该方法中有多个参数，text 参数表示绘制文字的内容，x、y 表示文字在画布中的起始坐标，maxWidth 表示绘制文字的总体长度。在文字绘制之前，还可以通过"font"属性设置文字显示的格式。

【案例演示】需求：调用画布中绘制文字的 API，在画布中，绘制指定内容的文字。根据上述功能，新建一个名称为 cvs_4.html 的文件，在页面中加入如清单 9-1-4 所示的代码。

清单 9-1-4　页面文件 cvs_4.html 的源文件

```
//省略页面元素定义的代码
<script type="text/javascript">
    //获取画布元素
    var cvs=document.getElementById("cvs");
    //获取元素的上下文对象
    var cxt=cvs.getContext("2d");
    //设置绘制颜色
    cxt.fillStyle='red';
    //设置字体对齐的方式与大小
    cxt.font='20px Georgia';
    //绘制字体
    cxt.fillText('今天天气非常不错',10,80);
</script>
```

页面文件 cvs_4.html 在 Chrome 浏览器中执行后，显示的效果如图 9-1-4 所示。

图 9-1-4　页面文件 cvs_4.html 在浏览器中执行的效果

【案例实践】新建一个页面，添加一个画布元素，并在画布元素中通过调用文字绘制 API，在画布中绘制多行不同颜色的文字。

【扩展知识】除了使用 fillText 方法实现文字的实体绘制外，还可以调用 strokeText 方法绘制空心的文字，即无填充效果的文字内容。该方法的参数与 fillText 方法相同，两者仅仅是在画布中绘制的文字效果不同而已。

更多相关的内容，请扫描二维码，通过微课程详细了解。

9.2 svg 功能

svg 全称是 Scalable Vector Graphics，表示可伸缩矢量图形，它是一种 XML 语言，是用于描绘与绘制图形的程序语言，开发网络中基于矢量的图形。用 svg 开发的图形，由于它是 XML 格式的，因此，在缩放时其质量不会有任何损失。

1. svg 简介

【技能目标】掌握 svg 文件创建的基本过程，理解并掌握将 svg 文件导入 HTML 页面的方法和步骤，能够根据需求，制作并实现简单的 svg 图形功能。

【语法格式】

```
<?xml version="1.0" standalone="no"?>
<!DOCTYPE svg PUBLIC "-//W3C//DTD SVG 1.1//EN"
"http://www.w3.org/Graphics/SVG/1.1/DTD/svg11.dtd">
<svg  width="100%"  height="100%"  version="1.1"  xmlns="http://www.w3.
org/2000/svg">
        //代码区域
</svg>
```

【格式说明】第一行包含了 XML 声明，该属性规定此 SVG 文件不是独立的，会有外部文件的引用；第二、三行是外部的 SVG DTD 的详细地址，第四行是<svg>元素开始部分，最后一行是<svg>元素的结束部分，中间内容就是编写的 svg 代码。

【案例演示】需求：在页面中，使用<object>元素，导入一个 svg 文件，实现一个有边框和背景的圆形效果。根据上述功能，新建一个名称为 svg_1.html 的文件，在页面中加入如清单 9-2-1 所示的代码。

清单 9-2-1　页面文件 svg_1.html 的源文件

```
<!doctype html>
<html>
<head>
<meta charset="utf-8">
<title>示例一</title>
</head>
<body>
<h3>第一个 svg 实例</h3>
<object data="svg_1.svg" type="image/svg+xml"
        codebase="http://www.adobe.com/svg/viewer/install/" />
</body>
</html>
```

在上述页面代码清单中，通过<object>元素导入了一个名称为"svg_1"的 svg 格式文件，它的功能是绘制一个带边框与背景色的圆形图片，代码如清单 9-2-2 所示。

清单 9-2-2　页面文件 svg_1.svg 的源文件

```
<?xml version="1.0" standalone="no"?>
<!DOCTYPE svg PUBLIC "-//W3C//DTD SVG 1.1//EN"
"http://www.w3.org/Graphics/SVG/1.1/DTD/svg11.dtd">
<svg  width="100%"  height="100%"  version="1.1"  xmlns="http://www.w3.
org/2000/svg">
```

```
      <circle cx="50" cy="50" r="30" stroke="black" stroke-width="3"
fill="blue"/>
    </svg>
```

页面文件 svg_1.html 在 Chrome 浏览器中执行后，显示的效果如图 9-2-1 所示。

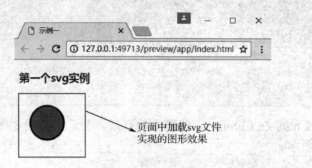

图 9-2-1　页面文件 svg_1.html 在浏览器中执行的效果

【案例实践】新建一个页面，通过调用 svg 文件，绘制一个圆心坐标是 x=40，y=50，半径 r=60，并且边框为红色、背景为绿色的圆。

【扩展知识】除了在页面中使用<object>元素导入 svg 文件外，还可以通过<embed>、<iframe>元素进行 svg 文件的导入。其中，<embed>元素的导入方法与<object>元素完全一样，只是两者在元素名称上不同而已；而<iframe>元素只要将 src 属性值设为 svg 文件的相对或绝对路径即可。

2. 使用 svg 定义直线

【技能目标】掌握使用 svg 格式绘制直线的方法与过程，理解绘制直线时各个绘制参数的格式和含义，并能够根据需要快速地绘出各类型的 svg 格式直线图形。

【语法格式】

```
    <line x1="0" y1="0" x2="100" y2="100" />
```

【格式说明】在上述绘制线条的代码格式中，参数 x1、y1 表示绘制线条的起始位置坐标，参数 x2、y2 表示绘制线条时的终点位置坐标。也可以通过添加"style"属性，实现线条样式的设置。

【案例演示】需求：调用 svg 格式，绘制一条宽度为 2px，颜色为红色的直线。根据上述功能，新建一个名称为 svg_2.html 的文件，在页面中加入如清单 9-2-3 所示的代码。

清单 9-2-3　页面文件 svg_2.html 的源文件

```
<!doctype html>
<html>
<head>
<meta charset="utf-8">
<title>示例二</title>
</head>
<body>
<h3>第二个 svg 实例</h3>
<object data="svg_2.svg" type="image/svg+xml"
        codebase="http://www.adobe.com/svg/viewer/install/" />
</body>
</html>
```

在上述页面代码清单中，通过<object>元素导入了一个名称为"svg_2"的svg格式文件，它的功能是绘制一个指定宽度的红色线条，代码如清单9-2-4所示。

清单9-2-4　页面文件 svg_2.svg 的源文件

```
<?xml version="1.0" standalone="no"?>
<!DOCTYPE svg PUBLIC "-//W3C//DTD SVG 1.1//EN"
"http://www.w3.org/Graphics/SVG/1.1/DTD/svg11.dtd">
<svg  width="100%"  height="100%"  version="1.1"  xmlns="http://www.w3.
org/2000/svg">
    <line    x1="20"    y1="30"    x2="60"    y2="80"    style="stroke:red;
stroke-width:2"></line>
</svg>
```

页面文件 svg_2.html 在 Chrome 浏览器中执行后，显示的效果如图9-2-2所示。

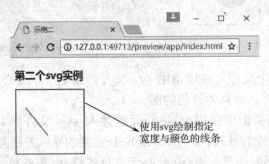

图 9-2-2　页面文件 svg_2.html 在浏览器中执行的效果

【案例实践】新建一个 svg 文件，利用画线的方式，制作一个直角的三角形图形。同时，新建一个页面，并在页面中通过导入元素，将 svg 文件实现的效果显示在页面中。

【扩展知识】除了可以使用<line>元素实现线条的绘制之外，还可以使用<polygon>元素直接实现线条形状的绘制，如三角形、多边形等，通过该元素的"points"属性来设置各点的坐标值。

3．使用 svg 中的滤镜

【技能目标】掌握 svg 中定义滤镜的方式，理解在定义滤镜时各属性值的含义，能够根据实际的需求，通过 svg 制作滤镜效果，应用到页面中。

【语法格式】

```
<defs>
    <filter id="ID">
        <feGaussianBlur in="SourceGraphic" stdDeviation="3" />
    </filter>
</defs>
```

【格式说明】调用<filter> 标签来定义 svg 中的滤镜，在定义滤镜过程中，必须先添加 id号，用于标记图形使用了哪个滤镜；此外，<filter>标签必须放置在<defs>标签中，该元素允许对包含的滤镜元素进行重新定义。

【案例演示】需求：创建一个 svg 文件，绘制一个带边框和背景的圆形，并向该圆形添加滤镜效果。根据上述功能，新建一个名称为 svg_3.html 的文件，在页面中加入如清单 9-2-5所示的代码。

清单 9-2-5　页面文件 svg_3.html 的源文件

```
<!doctype html>
<html>
<head>
<meta charset="utf-8">
<title>示例三</title>
</head>
<body>
<h3>第三个 svg 实例</h3>
<object data="svg_3.svg" type="image/svg+xml"
    codebase="http://www.adobe.com/svg/viewer/install/" />
</body>
</html>
```

在上述页面代码清单中，通过<object>元素导入了一个名称为"svg_3"的 svg 格式文件，它的功能是绘制一个有模糊度、带边框和背景色的圆形，代码如清单 9-2-6 所示。

清单 9-2-6　页面文件 svg_3.svg 的源文件

```
<?xml version="1.0" standalone="no"?>
<!DOCTYPE svg PUBLIC "-//W3C//DTD SVG 1.1//EN"
"http://www.w3.org/Graphics/SVG/1.1/DTD/svg11.dtd">
<svg  width="100%"  height="100%"  version="1.1"  xmlns="http://www.w3.
org/2000/svg">
    <defs>
        <filter id="feGaussianBlur1">
            <feGaussianBlur in="SourceGraphic" stdDeviation="2" />
        </filter>
    </defs>
    <circle  cx="120"  cy="80"  r="60"  stroke="black"  stroke-width="3"
fill="red"
        style="filter:url(#feGaussianBlur1)"/>
</svg>
```

页面文件 svg_3.html 在 Chrome 浏览器中执行后，显示的效果如图 9-2-3 所示。

图 9-2-3　页面文件 svg_3.html 在浏览器中执行的效果

【案例实践】新建一个 svg 文件，绘制一个带模糊度、有背景色的正方形；然后，创建一个新的 HTML 页面，将 svg 文件通过<object>元素导入到页面中。

【扩展知识】需要说明的是，在使用<filter>元素定义滤镜时，通过它包含的"feGaussianBlur"定义各种类型的滤镜效果。比如，本示例中的"高斯模糊"效果，属性"in"定义应用范围，属性"SourceGraphic"表示整个图形，属性"stdDeviation"用于设置模糊的程度。

4. 使用 svg 中的线性渐变

【技能目标】掌握 svg 中渐变定义的方式，理解定义时各个属性参数的含义和使用方法，能够根据实际的需求，通过 svg 文件实现各种图形渐变的效果。

【语法格式】

```
<linearGradient id="ID" x1="0%" y1="0%" x2="0%" y2="0%">
    <stop offset="0%" />
    <stop offset="0%" />
</linearGradient>
```

【格式说明】线性渐变由<linearGradient>元素来创建，通过"ID"号绑定需要使用的图形。其中，元素中的 x1、y1、x2、y2 属性分别用于定义渐变时的开始与结束坐标；渐变时的开始与结束的颜色分别由<stop>标记来定义，通过该标记的"offset"属性值设置开始与结束的位置。

【案例演示】需求：创建一个 svg 文件，定义一个有边框和背景并且有渐变效果的圆形。根据上述功能，新建一个名称为 svg_4.html 的文件，在页面中加入如清单 9-2-7 所示的代码。

清单 9-2-7　页面文件 svg_4.html 的源文件

```
<!doctype html>
<html>
<head>
<meta charset="utf-8">
<title>示例四</title>
</head>
<body>
<h3>第四个 svg 实例</h3>
<object data="svg_4.svg" type="image/svg+xml"
   codebase="http://www.adobe.com/svg/viewer/install/" />
</body>
</html>
```

在上述页面代码清单中，通过<object>元素导入了一个名称为"svg_4"的 svg 格式文件，它的功能是绘制一个有渐变色、带边框和背景色的圆形，代码如清单 9-2-8 所示。

清单 9-2-8　页面文件 svg_4.svg 的源文件

```
<?xml version="1.0" standalone="no"?>
<!DOCTYPE svg PUBLIC "-//W3C//DTD SVG 1.1//EN"
"http://www.w3.org/Graphics/SVG/1.1/DTD/svg11.dtd">
<svg   width="100%"   height="100%"   version="1.1"   xmlns="http://www.
w3.org/2000/svg">
<defs>
    <linearGradient id="linearGradient1" x1="0%" y1="0%" x2="100%" y2="0%">
      <stop offset="0%" style="stop-color:rgb(255,255,0)" />
      <stop offset="100%"style="stop-color:rgb(255,0,0)" />
    </linearGradient>
</defs>
    <circle cx="120" cy="80" r="60" stroke="black"stroke-width="3" fill="red"
      style="fill:url(#linearGradient1)"/>
</svg>
```

页面文件 svg_4.html 在 Chrome 浏览器中执行后，显示的效果如图 9-2-4 所示。

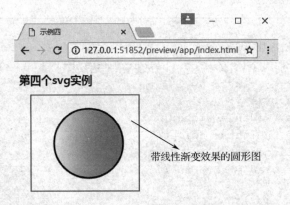

带线性渐变效果的圆形图

图 9-2-4　页面文件 svg_4.html 在浏览器中执行的效果

　　【案例实践】创建一个 svg 文件，实现一个带线性渐变效果的正方形；再创建一个页面，在页面中添加一个<object>元素，将 svg 文件导入到页面中，展示渐变正方形的效果。

　　【扩展知识】在 svg 中，除了线性渐变外，还有放射性渐变。实现这种渐变的方式是，在<defs>元素中增加<radialGradient>标记，其他的属性与线性渐变<linearGradient>相同。

　　更多相关的内容，请扫描下列二维码，通过微课程详细了解。

9.3　Canvas 绘制图形

　　HTML5 的出现改变了页面的展示方式，让页面能展现出更丰富多彩的元素，更灵活地添加自己的内容，自定义内容等。Canvas 绘图是 HTML5 添加的新元素，它可以帮助我们绘制自定义的内容。接下来详细介绍这个项目。

　　【任务描述】通过本节的学习，掌握 Canvas 绘图的方式，能灵活运用图片素材绘制出特定的效果，掌握 Canvas 绘图在 HTML 页面内的使用技巧。

　　【页面结构】根据上述功能，新建一个名称为 index.html 的文件，在页面中加入如清单 9-3-1 所示的代码。

清单 9-3-1　页面文件 index.html 的源文件

```
<script type="text/javascript">
    ...
    //背景的构造函数
    function Background(x,y,width,height,img_src) {
        this.bgx = x;
        this.bgy = y;
        this.bgwidth = width;
        this.bgheight = height;
        var image = new Image();
        image.src = img_src;
        this.image = image;
        this.draw = drawBg;
    }
    function drawBg() {
        ctx.drawImage(this.image,this.bgx,this.bgy,this.bgwidth,this.
bgheight);
```

```
        }
        //小鸟构造函数 动态
        function Bird(x,y,width,height,img_Srcs) {
            this.bx = x;
            this.by = y;
            this.bwidth = width;
            this.bheight = height;
            this.imgsrcs = img_Srcs;
            this.draw = birdDraw;
        }
        function birdDraw() {
            birdIndex++;
            var image = new Image();
            image.src = this.imgsrcs[birdIndex%3];
            ctx.drawImage(image,this.bx,this.by,
            this.bwidth,this.bheight);
        }
        function keyup(e) {
            var e = e||event;
            var currKey = e.keyCode||e.which||e.charCode;
            switch (currKey){
            case 32:
              bird.by -= 80;
                break;
            }
        }
        //body 加载完成后调用
        function init() {
            ctx = document.getElementById('canvas').getContext('2d');
            drawall();
            document.onkeyup = keyup;
            time = setInterval(drawall,80);
        }
        function drawall() {
            //清空
            ctx.clearRect(0,0,400,600);
            var i = 0;
            for ( i = 0; i < objects.length; i++) {
                objects[i].draw();
            }
            bird.by += 10;
        }
    </script>
```

【页面布局】页面文件 index.html 在 Chrome 浏览器中执行后，显示的效果如图 9-3-1 所示。

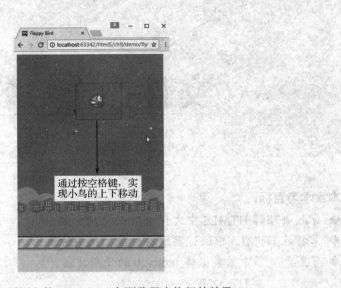

图 9-3-1　页面文件 index.html 在浏览器中执行的效果

　　【源码分析】代码中通过定义 bird、background、ground 等元素，可以将图片抽象成不同的对象，通过 drawImage 方法可以将图形绘制到页面上，定位不同的位置，实现小鸟在页面上运动的展示效果，并且可以有与其交互的效果。

第10章

文件操作与数据存储

本章学习目标：
- ◆ 掌握并理解 HTML5 中文件 API 的使用方法。
- ◆ 掌握在 HTML5 中浏览器缓存对象的使用方法。
- ◆ 了解浏览器中的数据库 indexdb 的使用方法。

10.1 文件操作 API

HTML5 中专门为文件的操作提供了相应的 API，通过调用这些 API，可以获取文件的文件名、类型和相关的内容。此外，还可以在页面中获取文本文件中的内容，而这些功能的实现，只需要调用相应的 API 提供的方法即可。

1．获取文件名称与类型

【技能目标】掌握获取文件名称与类型的方法，理解文件 API 中各方法的功能，并能够快速地根据需求，获取文件的基本属性。

【语法格式】

```
#File.name
#File.type
#File.size
```

【格式说明】在 HTML5 中的 Blob 接口下，提供了一个专门用于获取文件相关属性与名称的 API，即 File 接口。在这个接口下，可以获取文件的相关属性内容。

【案例演示】需求：添加一个类型为"file"的按钮，单击该按钮，选择文件后，显示文件的名称与大小。根据上述功能，新建一个名称为 file_1.html 的文件，在页面中加入如清单 10-1-1 所示的代码。

清单 10-1-1　页面文件 file_1.html 的源文件

```
//省略部分样式代码
<input type="file" onChange="f(this.files);" multiple />
<ul id="ulUpload"></ul>
<script type="text/javascript">
    //选择上传文件时调用的函数
    function f(f) {
      var strLi = "<li class='li'>";
      strLi = strLi + "<span>文件名称</span>";
      strLi = strLi + "<span>文件类型</span>";
      strLi = strLi + "<span>文件大小</span>";
```

```
    strLi = strLi + "</li>";
    for (var intI = 0; intI < f.length; intI++) {
        var tmpFile = f[intI];
        strLi = strLi + "<li>";
        strLi = strLi + "<span>" + tmpFile.name + "</span>";
        strLi = strLi + "<span>" + tmpFile.type + "</span>";
        strLi = strLi + "<span>" + tmpFile.size + " KB</span>";
        strLi = strLi + "</li>";
    }
    document.getElementById("ulUpload").innerHTML = strLi;
    }
</script>
```

页面文件 file_1.html 在 Chrome 浏览器中执行后，显示的效果如图 10-1-1 所示。

图 10-1-1　页面文件 file_1.html 在浏览器中执行的效果

【案例实践】新建一个页面，通过单击"上传文件"按钮，选择多个文件，并在页面中显示上传后的文件类型与大小，如果大小超出 1MB，则弹出相关的错误提示。

【扩展知识】获取文件相关属性的 API，由 Blob 接口下的 file 接口实现。除了获取文件的名称、类型、大小外，还可以获取其他值，如 urn、slice，但这两个属性不常用。

2．预览上传文件

【技能目标】掌握文件 API 中 FileReader 接口的使用，理解在 FileReader 接口中各个事件的含义，并能根据需求捕捉不同的事件，实现相关的功能。

【语法格式】

```
var reader = new FileReader();
reader.事件名称=函数
```

【格式说明】在调用 FileReader 接口中的事件时，先要实例化一个 FileReader 对象，然后再根据这个对象绑定相关的事件，最后编写事件触发时执行的函数功能。

【案例演示】需求：在页面中，单击"上传"按钮，选择图片，并在页面中实现图片的预览效果。根据上述功能，新建一个名称为 file_2.html 的文件，在页面中加入如清单 10-1-2 所示的代码。

清单 10-1-2　页面文件 file_2.html 的源文件

```
<!doctype html>
<html>
<head>
<meta charset="utf-8">
<title>示例二</title>
```

```
</head>
<body>
    <input type="file" onChange="f1(this.files);" />
    <div id="tip"></div>
    <script type="text/javascript">
    function f1(f) {
        var strHTML="";
        var tmpFile = f[0];
        var reader = new FileReader();
        reader.readAsDataURL(tmpFile);
        reader.onload = function (e) {
            strHTML += "<img src='" + e.target.result + "' alt=''/>";
            document.getElementById("tip").innerHTML=strHTML;
        }
    }
</script>
</body>
</html>
```

页面文件 file_2.html 在 Chrome 浏览器中执行后，显示的效果如图 10-1-2 所示。

图 10-1-2　页面文件 file_2.html 在浏览器中执行的效果

【案例实践】新建一个页面，添加一个"上传"按钮，当用户单击该按钮时，可以选择多张图片，并实现所选图片在页面中预览的效果。

【扩展知识】在 FileReader 对象中，当文件读取完成时触发 onload 事件。除了该事件外，还有其他的一些相关事件，具体如表 10-1-1 所示。

表 10-1-1　FileReader 对象中的其他事件

事 件 名 称	功 能 说 明
onloadstart	开始读取文件内容事件
onloadend	文件读取操作完成（不论成功还是失败）
onprogress	文件读取操作过程事件
onabort	文件读取操作中断事件
onerror	文件读取操作错误事件

3．读取文本内容

【技能目标】掌握文本文件读取的方法，并能理解文件读取时各个方法的功能，能合理地使用文本读取的 API 实现本地文本文件的读取。

【语法格式】

```
var reader = new FileReader();
reader.readAsText(file);
reader.事件名称=函数
```

【格式说明】在实例化 FileReader 对象之后，通过该对象中的 readAsText()方法读取上传后的文本文件的内容，括号中的参数就是上传后的文本文件，最后在 onload 事件中获取上传后的文本。

【案例演示】需求：在页面中添加一个"上传"按钮，并选择一个文本文件，将文件内容显示在页面中。根据上述功能，新建一个名称为 file_3.html 的文件，在页面中加入如清单 10-1-3 所示的代码。

清单 10-1-3　页面文件 file_3.html 的源文件

```
<!doctype html>
<html>
<head>
<meta charset="utf-8">
<title>示例三</title>
</head>
<body>
    <input type="file" onChange="f1(this.files);" />
    <div id="tip"></div>
    <script type="text/javascript">
      function f1(f) {
          var tmpFile = f[0];
          var reader = new FileReader();
          reader.readAsText(tmpFile);
          reader.onload = function (e) {
              document.getElementById("tip").innerHTML="<pre>"+e.target.
result+"</pre>";
          }
      }
</script>
</body>
</html>
```

页面文件 file_3.html 在 Chrome 浏览器中执行后，显示的效果如图 10-1-3 所示。

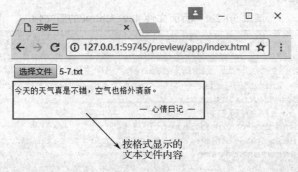

图 10-1-3　页面文件 file_3.html 在浏览器中执行的效果

【案例实践】创建一个页面，并在页面中添加一个"上传"按钮，单击该按钮，选择一个文本文件，在页面中显示所选文本文件的内容。

【扩展知识】在实例化的 FileReader 对象中，不仅有可以预览图片、读取文本文件的方法，而且还有其他对应的方法 API，如表 10-1-2 所示。

表 10-1-2　jQuery Mobile 中的其他事件

方 法 名 称	功 能 说 明
readAsBinaryString(file)	以二进制的格式读取文件
readAsArrayBuffer	以数组缓冲的方式读取文件
abort()	读取文件中止时，自动触发该方法

10.2　浏览器缓存

在 HTML5 中，浏览器的缓存对象分为本地与临时对象两种，浏览器针对这两种对象分别都进行了优化，扩展了缓存对象的总量，优化了缓存对象中的方法，使开发人员在调用缓存对象时更加方便和快捷。接下来详细地介绍一下浏览器的缓存对象。

1．临时缓存对象

【技能目标】掌握临时缓存对象的基本使用方法，并能够理解缓存对象的基本原理，能够根据需求将临时缓存对象应用到页面中。

【语法格式】

```
window.sessionStorage.setItem(key,value)
window.sessionStorage.getItem(key)
```

【格式说明】在 HTML5 中，sessionStorage 对象用于临时性地保存数据。所谓"临时"，指的是当浏览器关闭后，该对象保存的数据就会自动删除，但刷新页面或单击"前进"或"后退"按钮时，该对象仍然存在。setItem()方法用于设置缓存，而 getItem()方法用于根据"key"值获取对象。

【案例演示】需求：添加一个文本框，用于设置缓存内容，单击"保存"按钮时，控制台中显示已缓存的数据。根据上述功能，新建一个名称为 sav_1.html 的文件，在页面中加入如清单 10-2-1 所示的代码。

清单 10-2-1　页面文件 sav_1.html 的源文件

```
//省略头部文件
<body>
    <input type="text" id="txt" name="txt" />
    <input type="button" value="保存" onClick="btn_click()" id="btnSave" />
    <script type="text/javascript">
    function btn_click(){
        var txt=document.getElementById("txt").value;
        window.sessionStorage.setItem("data",txt);
        window.sessionStorage.
    }
    </script>
</body>
```

页面文件 sav_1.html 在 Chrome 浏览器中执行后，显示的效果如图 10-2-1 所示。

图 10-2-1　页面文件 sav_1.html 在浏览器中执行的效果

【案例实践】新建一个页面，分别添加"增加"、"获取"两个按钮，单击"增加"按钮时，将在本地添加一个临时缓存对象；单击"获取"按钮时，将临时缓存对象显示在页面中。

【扩展知识】临时缓存对象不仅有 setItem() 和 getItem() 方法，而且还有 removeItem() 方法，该方法的功能是删除指定"key"名称的缓存对象；此外，clear() 方法则用于删除全部的临时缓存对象。

2．永久缓存对象

【技能目标】掌握缓存对象 localStorage 的基本用法，理解本地永久缓存对象的工作原理，能够根据需求合理地调用缓存对象实现相关功能。

【语法格式】

```
window.localStorage.setItem(key,value);
window.localStorage.getItem(key);
window.localStorage.removeItem(key);
```

【格式说明】与临时缓存对象相同，永久缓存对象也可以通过调用 setItem() 方法来设置缓存，调用 getItem() 方法来获取缓存，使用 removeItem() 方法删除指定"key"值的对象。

【案例演示】需求：分别在页面中添加"保存"和"删除"按钮，分别实现本地永久缓存设置与删除的需求。根据上述功能，新建一个名称为 sav_2.html 的文件，在页面中加入如清单 10-2-2 所示的代码。

清单 10-2-2　页面文件 sav_2.html 的源文件

```
//省略头部文件
<body>
    <input type="button" value="保存" onClick="btn_save()" id="btnSave" />
    <input type="button" value="删除" onClick="btn_dele()" id="btnDele" />
    <script type="text/javascript">
        function btn_save(){
            window.localStorage.setItem("data",'abc');
        }
        function btn_dele(){
            window.localStorage.removeItem("data");
        }
    </script>
</body>
```

页面文件 sav_2.html 在 Chrome 浏览器中执行后，显示的效果如图 10-2-2 所示。

【案例实践】在新建的页面中添加一个文本框，并添加一个"保存"按钮，当单击按钮时，使用本地缓存的方式，将文本框中的内容保存在浏览器中，并可以在控制台中查看具体名称与值。

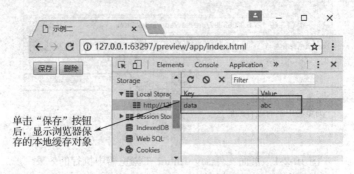

单击"保存"按钮后，显示浏览器保存的本地缓存对象

图 10-2-2　页面文件 sav_2.html 在浏览器中执行的效果

【扩展知识】与临时缓存对象不同，本地缓存对象在关闭浏览器时并不会丢失，除非人为删除或清空浏览器缓存才会不存在；而它的缓存总量因浏览器不同而稍有区别，但总体数量在 5MB 左右。如果超出这个数量，它将删除最早保存的内容，以确保一直是 5MB。

10.3　浏览器数据格式化存储方式 indexdb

在 HTML5 中，不仅可以使用临时与本地缓存对象保存数据，而且允许浏览器采用数据表格的方式来保存格式化的数据内容，即允许浏览器创建一个数据库，并且支持标准的 SQL 的 CRUD 操作，从而大大增强了浏览器存储格式化数据的功能。

1. 创建数据库与表

【技能目标】掌握临时缓存对象的基本使用方法，并能够理解缓存对象的基本原理，能够根据需求将临时缓存对象应用到页面中。

【语法格式】

```
openDatabase(DBName, DBVersion, DBDescribe, DBSize, Callback());
transaction(TransCallback, ErrorCallback, SuccessCallback);
```

【格式说明】在第一行中参数 DBName 表示数据库名称，参数 DBVersion 表示版本号，参数 DBDescribe 表示对数据库的描述，参数 DBSize 表示数据库的大小。

在第二行中，参数 TransCallback 表示事务回调函数，写入需要执行的 SQL 语句，参数 ErrorCallback 表示出错的回调函数，参数 SuccessCallback 表示执行成功的回调函数。

【案例演示】需求：单击页面中的"增加"按钮，实现数据库和学生表创建的功能。根据上述功能，新建一个名称为 db_1.html 的文件，在页面中加入如清单 10-3-1 所示的代码。

清单 10-3-1　页面文件 db_1.html 的源文件

```
//省略部分样式代码
<body>
  <div id="tip"></div>
  <input type="button" value="增加" onClick="btn_add()" />
  <script type="text/javascript">
    var db;
```

```
        var tip=document.getElementById("tip");
        function btn_add(){
            db = openDatabase('Student', '1.0', 'StuManage', 2 * 1024 * 1024);
            if (db) {
                var strSQL = "create table if not exists StuInfo";
                strSQL += "(StuID unique,Name text,Sex text)";
                db.transaction(function(tx) {
                    tx.executeSql(strSQL)
                },
                function() {
                    tip.innerHTML="操作成功！";
                },
                function() {
                    tip.innerHTML="操作错误！";
                })
            }
        }
    </script>
</body>
```

页面文件 db_1.html 在 Chrome 浏览器中执行后，显示的效果如图 10-3-1 所示。

图 10-3-1　页面文件 db_1.html 在浏览器中执行的效果

【案例实践】新建一个页面，并添加一个"创建"按钮，当单击该按钮时，在浏览器中通过 Web SQL 创建一个名称为"School"的数据库，并在该数据库下创建一个名称为"cls5"的表。

【扩展知识】打开或创建数据库的 API 是 openDatabase，调用该方法时，如果指定的数据库名存在，则打开该数据库；否则，新创建一个指定名称的空数据库。

2．向表中插入数据

【技能目标】掌握通过事务向表中插入数据的过程，理解执行事务的原理，并能熟练地利用执行事务的方式向数据库中增加记录。

【语法格式】

```
executeSql(strSQL,[Arguments],SuccessCallback, ErrorCallback);
```

【格式说明】参数 strSQL 表示需要执行的 SQL 语句，Arguments 表示需要的实参，参数 SuccessCallback 表示执行成功时的回调函数，参数 ErrorCallback 表示执行出错时的回调函数。

【案例演示】需求：当录入"学号"、"姓名"、"性别"后，单击"增加"按钮，将数据插入到数据库表中。根据上述功能，新建一个名称为 db_2.html 的文件，在页面中加入如清单 10-3-2 所示的代码。

清单 10-3-2　页面文件 db_2.html 的源文件

```
//省略头部文件
<body>
  <div id="tip"></div>
  <div>
     <label for="id">编号: </label>
     <input type="number" name="id" id="id" class="txt" value="1001" />
  </div>
  <div>
     <label for="name">姓名: </label>
     <input type="text" name="name" id="name" class="txt"  />
  </div>
  <div>
     <label for="sex">性别: </label>
     <select name="sex" id="sex">
       <option value="男">男</option>
       <option value="女">女</option>
     </select>
  </div>
  <div><input type="button" value="增加" onClick="btn_add()" /></div>
  <script type="text/javascript">
     var db;
     var tip=document.getElementById("tip");
     function btn_add(){
        db = openDatabase('Student', '1.0', 'StuManage', 2 * 1024 * 1024);
        if (db) {
          var strSQL = "insert into StuInfo values";
          strSQL += "(?,?,?)";
          db.transaction(function(tx) {
             tx.executeSql(strSQL,[
               document.getElementById("id").value,
               document.getElementById("name").value,
               document.getElementById("sex").value
             ],
             function(){
               tip.innerHTML="操作成功! ";
             },
             function(tx,ex){
               tip.innerHTML="操作错误! ";
             })
          })
        }
     }
  </script>
</body>
```

页面文件 db_2.html 在 Chrome 浏览器中执行后，显示的效果如图 10-3-2 所示。

【案例实践】新建一个页面，添加录入数据的相关元素和一个"增加"按钮，当单击该按钮时，通过 Web SQL 数据库中的事务方法，向数据库中增加相应的一条记录。

【扩展知识】需要说明的是，在 SQL 语句执行出错时，将执行事务中错误回调函数，在函数中获取错误对象 ex 的 message 属性值，该值包含出错时获取的错误信息。

图 10-3-2　页面文件 db_2.html 在浏览器中执行的效果

10.4　文件操作

在 HTML 页面内，我们会经常接触到上传文件等操作。这时对文件的信息判断就会变得非常重要了。接下来详细介绍这个项目。

【任务描述】通过使用本节学习的文件操作的功能，实现文件上传、文件的信息显示、判断是否为文件信息、读取图片文件信息及读取文件等功能。

【页面结构】根据上述功能，新建一个名称为 index.html 的文件，在页面中加入如清单 10-4-1 所示的代码。

清单 10-4-1　页面文件 index.html 的源文件

```
<script type="text/JavaScript">
    var file;
    function ShowName(){
        for(var i=0;
        i<document.getElementById("file").files.length;
        i++){
          file=document.getElementById("file").files[i];
            alert(file.name);
        }
    }
    function ShowFileType(){
        file=document.getElementById("file1").files[0];
        var size=document.getElementById("size");
        size.innerHTML=file.size;
        var type=document.getElementById("type");
        type.innerHTML=file.type;
    }
    function readFileText(){
        file=document.getElementById("file4").files[0];
        var reader =new FileReader();
        reader.readAsText(file);
        reader.onload=function(e){
            var result=document.getElementById("result1");
            alert(file.size)
            result1.innerHTML=this.result;
        }
    }
    …
</script>
```

【页面布局】页面文件 index.html 在 Chrome 浏览器中执行后，显示的效果如图 10-4-1 所示。

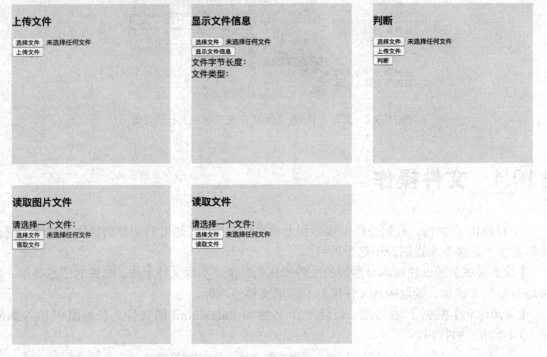

图 10-4-1　页面文件 index.html 在浏览器中执行的效果

【源码分析】代码中通过调用 FileReader 对象来获取文件的属性信息、获取文件等操作，得到文件对象。如果识别到是 img 类型文件，则动态地在页面内添加 img 的 HTML 代码，显示在页面上。

第**11**章

多线程与服务器推送

本章学习目标：

◆ 掌握并理解 webworker 对象的使用方法。

◆ 掌握在 HTML5 中 web socket 的使用方法。

◆ 了解服务端推送内容的方法。

11.1 webworker **的使用**

在 HTML5 中，可以利用 webworker 对象的 postMessage 方法，在两个不同域名与端口的页面之间实现数据的接收与发送功能，从而有效地解决不允许跨域访问其他页面中的元素问题；同时，也使单一线程的页面结构通过 webworker 变成了多线程。

1. 向 iframe 元素发送数据

【技能目标】掌握父子页面之间的关系，理解父向子或子向父页面发送数据的原理和过程，能够利用 postMessage 方法向页面传递数据。

【语法格式】

```
otherWindow.postMessage(message, targetOrigin)
```

【格式说明】参数 otherWindow 为接收数据页面的引用对象，可以是 iframe 的 contentWindow 属性或通过下标返回的 window.frames 单个实体对象；参数 message 表示所有发送的数据。

【案例演示】需求：使用 iframe 元素加载子页面，并调用 postMessage 方法，实现父与子页面之间数据的传递。根据上述功能，新建一个名称为 wrk_1.html 的文件，在页面中加入如清单 11-1-1 所示的代码。

清单 11-1-1 页面文件 wrk_1.html 的源文件

```
//省略部分样式代码
<body>
    <iframe id="ifr" name="ifr" src="wrk_1_1.html"></iframe>
    <div>
        <input type="text" id="str" name="str">
        <input type="button" value="发送" onClick="btn_click()">
    </div>
    <div id="tip"></div>
    <script type="text/javascript">
        window.onload=function() {
            var tip = document.getElementById("tip");
```

```
            window.addEventListener('message', function (event) {
                tip.innerHTML = event.data;
            })
        }
        function btn_click() {
            var str = document.getElementById("str");
            var ifr = document.getElementById("ifr")
            ifr.contentWindow.postMessage(str.value, '*');
            str.value="";
        }
    </script>
</body>
```

在页面文件 wrk_1.html 中，通过 iframe 元素包含了一个子集页面元素 wrk_1_1.html，该页面将接收父页面通过 postMessage 方法发送的数据，页面代码如清单 11-1-2 所示。

清单 11-1-2　页面文件 wrk_1_1.html 的源文件

```
//省略部分样式代码
<body>
    <div id="tip"></div>
    <script type="text/javascript">
        window.onload=function() {
            var tip = document.getElementById("tip");
            window.addEventListener('message', function (event) {
                tip.innerHTML = "接收的数据: " + event.data;
                event.source.postMessage("返回的数据: "+event.data, '*');
            })
        }
    </script>
</body>
```

页面文件 wrk_1.html 在 Chrome 浏览器中执行后，显示的效果如图 11-1-1 所示。

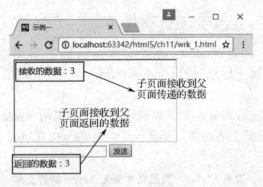

图 11-1-1　页面文件 wrk_1.html 在浏览器中执行的效果

【案例实践】新建一个页面，并在页面中通过一个 iframe 元素添加另外一个子集页面，在父页面中调用 postMessage 方法，向子集页面发送数据，子集页面接收到数据，并返回到父级页面。

【扩展知识】需要说明的是，在调用 postMessage 方法时，发送的数据也可以是 JSON 对象转换后的字符内容；参数 targetOrigin 表示发送数据的 URL 来源，用于限制 otherWindow 对象接收范围，如果该值为通配符*号，则表示不限制发送来源，指向全部的地址。

2. 向 worker 对象发送数据

【技能目标】掌握 worker 对象的工作原理与调用过程，通过熟练地调用发送数据的方法 postMessage 向子线程发送数据，并通过 message 方法进行接收。

【语法格式】

```
var worker=new Worker(jsfileUrl);
worker.postMessage(str);
worker.onmessage=function(e){};
```

【格式说明】通过实例化的方式可以定义一个 worker 对象，通过定义好 worker 对象中的发送数据方法 postMessage 可以向 JS 文件发送数据，worker 绑定 message 事件实现数据的接收。

【案例演示】需求：当单击"发送"按钮后，将文本框的内容通过 worker 对象传递给子线程，并返回主线程。根据上述功能，新建一个名称为 wrk_2.html 的文件，在页面中加入如清单 11-1-3 所示的代码。

清单 11-1-3　页面文件 wrk_2.html 的源文件

```
//省略头部文件
<body>
    <div id="tip"></div>
    <div>
        <input type="text" id="str"name="str" class="txt">
        <input type="button" value="发送" onClick="btn_click()">
    </div>
    <script type="text/javascript">
        var work=new Worker('js/wrk_2.js');
        var tip=document.getElementById("tip");
        work.addEventListener("message",function (e) {
            tip.innerHTML = "子线程返回的数据是:" + e.data;
        })
        function btn_click() {
            var str = document.getElementById("str");
            work.postMessage(str.value);
            str.value = "";
        }
    </script>
</body>
```

在上述页面中，实例化 worker 对象时，指定了一个 JS 文件，该文件将接收主线程发送的数据，并将数据处理后返回给主线程，详细代码如清单 11-1-4 所示。

清单 11-1-4　页面文件 wrk_2.js 的源文件

```
self.onmessage=function (e) {
    console.log("父线程发送的数据："+e.data);
    e.target.postMessage(e.data);
}
```

页面文件 wrk_2.html 在 Chrome 浏览器中执行后，显示的效果如图 11-1-2 所示。

【案例实践】在主线程页面中，当单击页面中的"检测"按钮时，获取文本框中内容，并发送给 worker 对象指定的子线程；子线程接收后，检测内容的奇偶性，并将结果返回主页面。

【扩展知识】需要说明的是，虽然 worker 对象功能强大，可以通过子线程处理主线程的一些任务，但它自身也有相应的局限性，如不能跨域加载 JS，worker 对象内的子线程代码不能访问 DOM。

图 11-1-2　页面文件 wrk_2.html 在浏览器中执行的效果

11.2　web socket **的使用**

Socket 又称套接字或插座，它是在一个 TCP 接口中进行双向通信的技术，但它仍然基于 W3C 标准而开发。在通常情况下，Socket 用于描述 IP 地址与端口，是通信过程中的一个字符句柄，当服务器端有多个应用服务绑定一个 Socket 时，通过通信中的字符句柄，实现不同端口对应不同应用服务功能。目前大部分的浏览器都支持 HTML5 中 Sockets API 的运行。

1．Socket.IO 客户端构建

【技能目标】掌握如何在客户端页面中构建 web socket 开发的环境，理解 socket.io 框架搭建的过程，能根据实际需求快速在页面中构建双向通信的环境。

【语法格式】

```
var socket = io.connect(url);
```

【格式说明】首先在页面中导入 socket.io 框架，然后在页面的 JS 文件中，初始化客户端与服务端连接的地址，即 url 参数。该参数实质上是服务端的 url，指出客户端与服务端相连的具体地址。

【案例演示】需求：在页面中导入 socket.io 框架，侦察与服务端的连接状态，并将状态显示在页面元素中。根据上述功能，新建一个名称为 wrk_3.html 的文件，在页面中加入如清单 11-2-1 所示的代码。

清单 11-2-1　页面文件 wrk_3.html 的源文件

```
<!DOCTYPE html>
<html lang="en">
<head>
    <meta charset="UTF-8">
    <title>Title</title>
    <script type="text/javascript" src="js/socket.io.js"></script>
</head>
<body>
<div id="tip"></div>
<script type="text/javascript">
    window.onload=function() {
        var tip=document.getElementById("tip");
```

```
        var socket = io('127.0.0.1:8081').connect();
        // 添加一个连接成功监听器
        socket.on('connect', function () {
            //显示连接服务端的提示
            tip.innerHTML="已成功连接服务端";
        });
        // 添加一个关闭连接监听器
        socket.on('disconnect', function () {
            //显示断开服务端提示
            tip.innerHTML="已与服务端断开";
        });
    }
</script>
</body>
</html>
```

页面文件 wrk_3.html 在 Chrome 浏览器中执行后，显示的效果如图 11-2-1 所示。

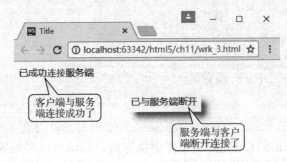

图 11-2-1　页面文件 wrk_3.html 在浏览器中执行的效果

【案例实践】新建一个页面，并导入 socket.io 框架，使用 io 方法与服务端进行连接，侦察服务端与客户端页面连接的状态，并将状态显示在页面中。

【扩展知识】需要说明的是，socket 实例化连接后，通过"on"可以绑定相关的事件，"connect"事件在客户端与服务端连接成功后触发，"disconnect"事件会在服务端主动断开客户端时触发，后续服务端数据的推送全部基于"connect"事件的触发，即先连接，后传输。

2．向服务端发送数据

【技能目标】掌握 socket 对象中 send()方法的基本使用，理解 send()方法向服务端发送数据的原理与过程，能够快速构建客户端向服务端发送数据的环境。

【语法格式】

```
socket.send(Message)
```

【格式说明】调用 socket 对象中的 send()方法向服务端发送数据，发送的数据可以是字符、数值，也可以是 JSON 格式的对象。一旦在客户端发送，连接的服务端即可以接收。

【案例演示】需求：在客户端的页面中单击"发送"按钮，向服务端发送页面文本框中的内容。根据上述功能，新建一个名称为 wrk_4.html 的文件，在页面中加入如清单 11-2-2 所示的代码。

清单 11-2-2　页面文件 wrk_4.html 的源文件

```
//省略导入 socket.io 框架的头部文件
<body>
<div id="tip"></div>
```

```
<div>
    <input type="text" id="txt">
    <input type="button" value="发送" onclick="btn_click()">
</div>
<script type="text/javascript">
    var tip=document.getElementById("tip");
    var socket = io('127.0.0.1:8081').connect();
    window.onload=function() {
        // 添加一个连接成功监听器
        socket.on('connect', function () {
            //显示连接服务端的提示
            tip.innerHTML = "已成功连接服务端";
        });
        // 添加一个关闭连接监听器
        socket.on('disconnect', function () {
            //显示断开服务端提示
            tip.innerHTML = "已与服务端断开";
        });
    }
    //自定义发送按钮事件
    function btn_click() {
        var txt = document.getElementById("txt")
        socket.send(txt.value);
    }
</script>
</body>
```

页面文件 wrk_4.html 在 Chrome 浏览器中执行后，显示的效果如图 11-2-2 所示。

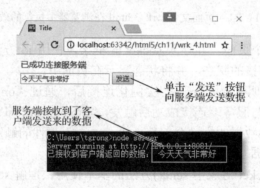

图 11-2-2　页面文件 wrk_4.html 在浏览器中执行的效果

【案例实践】在新创建的页面中导入 socket.io 框架，通过 io()方法连接服务端；同时，添加一个文本框与"发送"按钮，单击按钮时，将文本框中的内容发送到服务端。

【扩展知识】socket 对象在向服务端发送数据之前，必须先连接服务端，当连接成功后，才能向服务端发送数据，连接是发送数据的前提。无论是连接还是发送，都离不开服务端的支持，使用 socket.io 开发服务端页面的相关内容，将在下一节中进行详细的介绍。

11.3　服务器端推送

无论是接收还是推送数据，socket.io 框架都需要服务端的支持。支持该框架的服务器语言非常多，如 Java、C#，但又以 nodeJS 最为方便、快捷，特别在数据推送方向，是最为理想的选择。接下来，以 nodeJS 为例，详细介绍开发服务端的过程。

1. 服务端接收客户端的数据

【技能目标】掌握如何在服务端搭建 socket.io 框架的过程，理解服务端接收客户端发送数据的事件与方法，能快速地构建服务端框架，并能接收客户发送的数据。

【语法格式】

```
io= require('socket.io');
var socket= io.listen(server);
```

【格式说明】首先通过 npm 安装 socket.io 模块，然后在代码中调用 require()方法导入已安装的模块，最后实例化一个 socket 对象，并将它与请求的服务相关联。

【案例演示】需求：使用 nodeJS 构建一个服务端页面，通过 socket.io 框架接收客户端发送的数据。根据上述功能，新建一个名称为 server.js 的文件，在页面中加入如清单 11-3-1 所示的代码。

清单 11-3-1　js 文件 server.js 的源文件

```
var http = require('http'),io= require('socket.io');
var server=http.createServer(function (req, res) {
}).listen(8081);
console.log('Server running at http://127.0.0.1:8081/');
// 创建一个 Socket.IO 实例，把它传递给服务器
var socket= io.listen(server);
// 添加一个连接监听器
socket.on('connection', function(client){
    // 成功！现在开始监听接收到的消息
    client.on('message',function(event){
        console.log('已接收到客户端返回的数据：',event);
        socket.send(event);
    });
    client.on('disconnect',function(){
        console.log('客户端断开连接');
    });
});
```

js 文件 server.js 在终端被执行，接收到客户端数据后，显示的效果如图 11-3-1 所示。

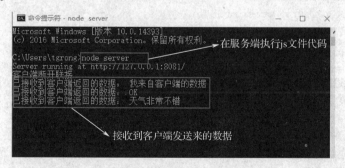

图 11-3-1　js 文件 server.js 在终端执行的效果

【案例实践】新建一个 nodeJS 文件 send.js，用于加载 socket.io 框架，并绑定在服务中。当连接的客户端发送数据时，触发绑定的 connect 事件，在事件中获取发送数据，并显示在控制台中。

【扩展知识】需要说明的是，无论是客户端还是服务端，在使用 socket.io 框架发送与接收数据时，都需要先进行连接；而在服务端，必须在连接成功后的回调函数中获取到返回的客户端对象 client，通过绑定该对象的 message 事件，在事件中获取客户端发送的数据。

2. 服务端向客户端推送数据

【技能目标】掌握在服务端推送数据的方法，理解服务端推送数据的整体流程，能够快速地响应向客户端推送数据的需求，实现不断与分段推送的过程。

【语法格式】

```
socket.send(Message)
```

【格式说明】上述语法格式中的 socket 对象是在服务端绑定 http 请求之后的对象，调用该对象发送数据时，连接到服务端的所有客户端都能接收到所发送的数据。

【案例演示】需求：在服务端，通过 socket.io 向连接的所有客户端推送五条信息。根据上述功能，在原来的 js 文件 server.js 中，增加如清单 11-3-2 所示的代码。

清单 11-3-2　js 文件 server.js 的源文件

```
//省略在上一示例中编写的代码
var ads=['早上好','上午好','中午好','下午好','晚上好']
var max= 5,i= 0,obj={};
var s1=setInterval(function(){
    if(i<max) {
        socket.send(ads[i]);
    }else{
        clearInterval(s1);
    }
    i++;
},5000)
```

为了响应服务端推送来的数据，客户端页面需要进行接收。根据这一需求，创建一个名称为 wrk_5.html 的文件，在页面中加入如清单 11-3-3 所示的代码。

清单 11-3-3　页面文件 wrk_5.html 的源文件

```
//省略socket.io框架导入代码
<body>
<div id="tip">正在连接服务器...</div>
<div id="ad"></div>
<script type="text/javascript">
    var tip=document.getElementById("tip");
    var ad=document.getElementById("ad");
    var socket = io('127.0.0.1:8081').connect();
    window.onload=function() {
        // 添加一个连接成功监听器
        socket.on('connect', function () {
            //显示连接服务端的提示
            tip.innerHTML = "已成功连接服务端";
        });
        // 添加一个连接成功监听器
        socket.on('message', function (d) {
            //显示连接服务端的提示
            ad.innerHTML = "服务端推送的数据是:"+d;
        });
        // 添加一个关闭连接监听器
```

```
        socket.on('disconnect', function () {
            //显示断开服务端提示
            tip.innerHTML = "已与服务端断开";
        });
    }
</script>
</body>
```

页面文件 wrk_5.html 在 Chrome 浏览器中执行后，显示的效果如图 11-3-2 所示。

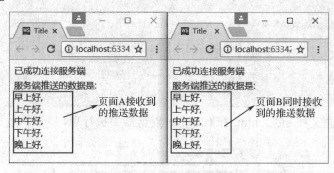

图 11-3-2　页面文件 wrk_5.html 在浏览器中执行的效果

【案例实践】新建一个客户端页面，用于接收服务端推送的数据；再使用 nodeJS 创建一个服务端页面，用于向连接的客户端发送数据，客户端接收到消息后，直接显示在页面中。

【扩展知识】服务端向连接的客户端推送数据时，既可以是单条字符内容，也可以是一个 JSON 格式数据。通常使用 code 属性区分不同时段或类型的广告内容，客户端接收后，通过该属性值进行检测，将不同类型的推送消息显示在不同的位置。

11.4　运用线程方式判断奇偶性

多线程的特性是很多其他编程语言具有的优秀特点，而 JS 恰恰是属于单线程的处理方式，这对一些多任务处理就比较耗时了。在 HTML5 以后出现的 worker thread 工作线程，能更好地管理线程工作。接下来详细介绍这个项目。

【任务描述】通过本节的学习，了解 worker 工作线程的工作方式，以及在 JavaScript 中如何使用 worker 工作线程，通过工作线程来进行一次任务处理，并将结果显示在页面上。

【页面结构】根据上述功能，新建一个名称为 index.html 的文件，在页面中加入如清单 11-4-1 所示的代码。

清单 11-4-1　页面文件 index.html 的源文件

```
<script type='text/javascript'>
  function init(){
   var worker = new Worker('worker.js');
   worker.onmessage = function(event){
      document.getElementById('result').innerHTML+=event.data+"<br/>";
   };
  };
</script>
<body onload = "init()">
```

```
<h2>判断奇偶</h2>
<div id="result"></div>
</body>
```

worker.js 文件代码如清单 11-4-2 所示。

清单 11-4-2　js 文件 worker.js 的源文件

```
var i = 1234567899;
function count(){
    if (i%2==0){
        postMessage("偶数");
    }else {
        postMessage("奇数");
    }
};
count();
```

【页面布局】页面文件 index.html 在 Chrome 浏览器中执行后，显示的效果如图 11-4-1 所示。

图 11-4-1　页面文件 index.html 在浏览器中执行的效果

【源码分析】代码中通过 new Worker 工作线程的方式来创建一个工作线程对象，在 js 文件内部进行工作任务调度，进行数字奇偶性的判断，并且输出判断结果。工作线程捕获到 js 输出的返回结果后，在页面内添加返回结果的信息。

第12章

CSS 布局应用

本章学习目标：

◆ 掌握并理解 CSS3 新增的布局类属性。

◆ 了解并理解 CSS3 实现响应式、弹性式布局的方法。

◆ 了解并掌握 CSS3 中新增的文本属性。

▌12.1 CSS3 新增的布局类属性

在 CSS3 中，新增了布局类属性，可伸缩框属性是其中的典型代表，它是一种框内布局规范，包括框内元素的排序、排列、伸缩、对齐等。接下来我们来详细了解一下。

1．box-ordinal-group 属性改变布局顺序

【技能目标】掌握 box-ordinal-group 属性在页面中的基本使用方法，初步理解该属性的功能，并能结合需求使用该属性。

【语法格式】

```
box-ordinal-group: integer;
```

【格式说明】box-ordinal-group 属性规定框中子元素的显示次序。integer 指一个整数，从 1 开始，默认值是 1，指示子元素的显示次序。值更低的元素会在值更高的元素前面显示，分组值相同的元素，它们的显示次序取决于其原次序。

【案例演示】需求：使用 box-ordinal-group 属性，规定框中子元素的显示次序。根据上述功能，新建一个名称为 h12_1_1.html 的文件，在页面中加入如清单 12-1-1 所示的代码。

清单 12-1-1　页面文件 h12_1_1.html 的源文件

```
<!DOCTYPE html>
<html lang="en">
<head>
    <meta charset="UTF-8">
    <title>Title</title>
    <style>
        .box{display:-webkit-box; /* Safari and Chrome */
border:1px solid black;width:400px}
        p{margin-left: 10px}
        .ord1{-webkit-box-ordinal-group:1; /* Safari and Chrome */}
        .ord2{-webkit-box-ordinal-group:2; /* Safari and Chrome */}
        .ord3{-webkit-box-ordinal-group:3; /* Safari and Chrome */}
    </style>
```

```
</head>
<body>
<div class="box">
    <p class="ord3">第一个 DIV</p>
    <p class="ord2">第二个 DIV</p>
    <p class="ord1">第三个 DIV</p>
</div>
</body>
</html>
```

页面文件 h12_1_1.html 在 Chrome 浏览器中执行后，显示的效果如图 12-1-1 所示。

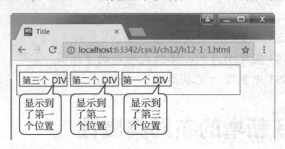

图 12-1-1　页面文件 h12_1_1.html 在浏览器中执行的效果

【案例实践】新建一个页面，给子元素添加属性 display:-webkit-box；给子元素添加 box-ordinal-group 属性，通过该属性在页面中重新布局元素在框中的位置。

【扩展知识】在页面中，目前没有浏览器支持 box-ordinal-group 属性，Safari 和 Chrome 支持替代的-webkit-box-ordinal-group 属性，所以案例中用了该私有属性代替 box-ordinal-group 属性。此外，需要明确的是，该属性需要配合 CSS3 盒子模型的-webkit-box 属性使用。

2．box-orient 属性改变布局排列方向

【技能目标】掌握 box-orient 属性在页面中的基本使用方法，初步理解该属性的功能，并能结合需求使用该属性。

【语法格式】

```
box-orient:horizontal|vertical|inline-axis|block-axis|inherit;
```

【格式说明】box-orient 属性规定框中子元素应该被水平或垂直排列，水平框中的子元素从左向右进行显示，而垂直框的子元素从上向下进行显示。其中有两个属性值是最常用的，horizontal 表示水平排列，vertical 表示垂直排列。

【案例演示】需求：使用 box-orient 属性，规定框中子元素的水平或垂直排列。根据上述功能，新建一个名称为 h12_1_2.html 的文件，在页面中加入如清单 12-1-2 所示的代码。

清单 12-1-2　页面文件 h12_1_2.html 的源文件

```
<!DOCTYPE html>
<html lang="en">
<head>
    <meta charset="UTF-8">
    <title>Title</title>
    <style>
        div
        {
```

```
            width:350px;
            height:150px;
            border:1px solid black;
            display:-webkit-box;  /* Safari, Opera, and Chrome */
            -webkit-box-orient:horizontal;
        }
    </style>
</head>
<body>
    <div>
        <p>段落 1。</p>
        <p>段落 2。</p>
        <p>段落 3。</p>
    </div>
</body>
</html>
```

页面文件 h12_1_2.html 在 Chrome 浏览器中执行后，显示的效果如图 12-1-2 所示。

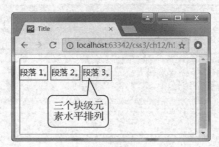

图 12-1-2　页面文件 h12_1_2.html 在浏览器中执行的效果

【案例实践】新建一个页面，给该元素添加属性-webkit-box 和-webkit-box-orient 属性，通过该属性，实现在页面中水平布局元素在框中的位置。

【扩展知识】在页面中，目前没有浏览器支持 box-orient 属性，Safari、Opera 和 Chrome 支持替代的-webkit-box-orient 属性，所以用了该私有属性代替 box-orient 属性。此外，需要明确的是，该属性需要配合 CSS3 盒子模型的-webkit-box 属性使用。

在页面中，webkit-box 属性除拥有 horizontal 和 vertical 常用属性外，还拥有下列其他实用的属性，详细见表 12-1-1。

表 12-1-1　webkit-box 其他属性

属 性 值	说　明
inline-axis	沿着行内轴来排列子元素（映射为 horizontal）
block-axis	沿着块轴来排列子元素（映射为 vertical）
inherit	应该从父元素继承 box-orient 属性的值

12.2　响应式布局及自适应

响应式布局及自适应是 CSS3 最重要的特性之一，那么什么是响应式布局？为什么要用响应式布局？响应式布局的效果是怎样的？在接下来的章节中,我们来详细探讨一下这些问题。

1. 如何实现响应式的效果

【技能目标】掌握响应式布局在页面中的基本使用方法,初步理解响应式布局的功能,并能结合需求使用响应式布局方式设计页面。

【语法格式】

```
@media only 设备名 and (max-width:xxxpx) { 样式代码 }
```

【格式说明】@media 属性指媒体查询,only 可以省略,指以该设备为标准,设备名一般用 screen 屏幕,and 后面是条件,指满足这个条件就激活后边的样式代码,max-width 指的是宽度,也是响应式布局中主要涉及的条件。此外,值得一提的是,这个 and 条件允许使用多个。

【案例演示】需求:使用@media 属性,实现响应式布局。根据上述功能,新建一个名称为 h12_2_1.html 的文件,在页面中加入如清单 12-2-1 所示的代码。

清单 12-2-1　页面文件 h12_2_1.html 的源文件

```html
<!DOCTYPE html>
<html>
<head lang="en">
    <meta charset="UTF-8">
    <title></title>
    <style type="text/css">
        #test{
            text-align: center;
        }
        @media screen and (max-width:480px) {
            #test {
                font-size: smaller;
                font-weight:100;
            }
        }
        @media screen and (min-width:480px) {
            #test {
                font-size: larger;
                font-weight:900;
            }
        }
    </style>
</head>
<body>
<div id="test">响应式设计元素</div>
</body>
</html>
```

页面文件 h12_2_1.html 在 Chrome 浏览器中执行后,显示的效果如图 12-2-1 和图 12-2-2 所示,其中图 12-2-1 是屏幕小于 480px 的效果,图 12-2-2 是屏幕大于 480px 的效果。

图 12-2-1　页面文件 h12_2_1.html 在浏览器　　　图 12-2-2　页面文件 h12_2_1.html 在浏览器
　　　　　　中执行的效果（1）　　　　　　　　　　　　中执行的效果（2）

【案例实践】新建一个页面，给子元素添加@media 属性，并限定屏幕宽度，给不同屏幕宽度设置不同的 CSS 样式效果，调整浏览器大小，体验响应式布局。

【扩展知识】响应式布局是移动发展的结果。21 世纪初，越来越多的智能移动设备加入到互联网当中，移动互联网成为了 Internet 的重要组成部分。为了解决移动设备到 PC 桌面的各种屏幕尺寸和分辨率兼容性问题，响应式布局应运而生。

真正的响应式设计方法不仅仅是根据可视区域大小来改变网页布局，而是要从整体上颠覆当前网页的设计方法，是针对任意设备的网页内容进行完美布局的一种显示机制。事实上，这个完美布局，除了包括高度、宽度等美感方面的设计外，还包括操作方式、交互方式等的体验。

2．图片的自适应效果

【技能目标】掌握图片自适应在页面中的基本使用方法，初步理解该属性的功能，并能结合需求使用该属性。

【语法格式】

```
width:100%;height:100%;max-width:420px;
```

【格式说明】width:100%属性规定子元素宽度是父元素的 100%，height:100%属性规定子元素高度是父元素的 100%，max-width:420px 规定最大宽度是到 420px 为止，即使页面再扩大，本元素也不再继续放大。

【案例演示】需求：使用 width:100%属性，设置图片自适应效果。根据上述功能，新建一个名称为 h12_2_2.html 的文件，在页面中加入如清单 12-2-2 所示的代码。

清单 12-2-2　页面文件 h12_2_2.html 的源文件

```
<!DOCTYPE html>
<html>
<head lang="en">
    <meta charset="UTF-8">
    <title></title>
    <style type="text/css">
        * {
            padding: 0px;
            margin: 0px;
        }
        figure{
            width: 100%;
        }
        figure img{
            max-width: 467px;
            width: 100%;
        }
    </style>
</head>
<body>
    <figure>
        <img src="images/h5.png" alt="">
    </figure>
</body>
</html>
```

页面文件 h12_2_2.html 在 Chrome 浏览器中执行后，显示的效果如图 12-2-3 所示。

图 12-2-3　页面文件 h12_2_2.html 在浏览器中执行的效果

【案例实践】新建一个页面，在页面中添加一个图片元素，并将元素的宽度和高度属性值设置为 100%，通过该属性，实现在页面中的图片自适应大小。

【扩展知识】对于图片自适应，除了设置 100%外，还可以使用 CSS3 的媒体查询。总体来说，图片分为背景图片和通过 img 标签引入的图片。一般来说，对于背景图片，可以通过 media query 自动切换不同分辨率的版本，用 media query 切换 CSS 的点上可以换一张不同分辨率的图片。

12.3　熟练掌握 CSS3 弹性魔盒的全部属性

弹性盒模型（flex box）是 CSS3 引入的新布局模型，与传统盒子模型相比，很好地适应了响应式布局的需要。它的优势在于开发人员只是声明布局应该具有的行为，而不需要给出具体的实现方式，浏览器就会负责完成实际的布局。

1. 弹性盒模型

【技能目标】掌握弹性盒模型在页面中的基本使用方法，初步理解弹性盒模型的功能，并能结合需求使用弹性盒模型布局方式设计页面。

【语法格式】

```
box-flex: value;
```

【格式说明】box-flex 属性规定框的子元素是否可伸缩及其尺寸，可伸缩元素能够随着框的缩小或扩大而缩小或放大。只要框中有多余的空间，可伸缩元素就会扩展来填充这些空间。value 指元素的可伸缩性，如 box-flex 为 2 的子元素两倍于 box-flex 为 1 的子元素。

【案例演示】需求：使用 box-flex 属性，实现弹性盒模型。根据上述功能，新建一个名称为 h12_3_1.html 的文件，在页面中加入如清单 12-3-1 所示的代码。

清单 12-3-1　页面文件 h12_3_1.html 的源文件

```
<!DOCTYPE html>
<html lang="en">
<head>
    <meta charset="UTF-8">
    <title>Title</title>
    <style>
```

```
        div
        {
            display:-webkit-box; /* Safari and Chrome */
            width:300px;
            border:1px solid black;
        }
        #p1
        {
            -webkit-box-flex:1.0; /* Safari and Chrome */
            box-flex:1.0;
            border:1px solid red;
        }
        #p2
        {
            -webkit-box-flex:2.0; /* Safari and Chrome */
            box-flex:2.0;
            border:1px solid blue;
        }
    </style>
</head>
<body>
<div>
    <p id="p1">盒内元素一</p>
    <p id="p2">盒内元素二</p>
</div>
</body>
</html>
```

页面文件 h12_3_1.html 在 Chrome 浏览器中执行后，显示的效果如图 12-3-1 所示。

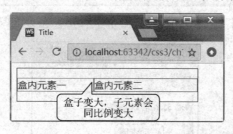

图 12-3-1　页面文件 h12_3_1.html 在浏览器中执行的效果

【案例实践】新建一个页面，给子元素添加-webkit-box-flex 属性，给父级元素设定 display:-webkit-box;属性。任意设置父元素宽度，子元素按照相应比例变化。

【扩展知识】目前没有浏览器支持 box-flex 属性，Safari、Opera 及 Chrome 支持替代的私有属性-webkit-box-flex。此外，需要明确的是，可伸缩盒子模型的基础是盒子，所以父元素有必要设置成 box。

2．容器中的属性

【技能目标】掌握弹性盒子模型容器中属性的基本使用方法，初步理解这些属性的功能，并能结合需求使用它们。

【语法格式】

```
box-direction: normal|reverse|inherit;
```

【格式说明】弹性盒子模型容器中属性比较多，在此，首先以 box-direction 为例。box-direction 属性规定框元素的子元素以什么方向来排列。normal 以默认方向显示子元素，

reverse 以反方向显示子元素，inherit 应该从子元素继承 box-direction 属性的值。

【案例演示】需求：使用 box-dircction 属性，设置盒子中元素的子元素排列方向。根据上述功能，新建一个名称为 h12_3_2.html 的文件，在页面中加入如清单 12-3-2 所示的代码。

清单 12-3-2　页面文件 h12_3_2.html 的源文件

```html
<!DOCTYPE html>
<html lang="en">
<head>
    <meta charset="UTF-8">
    <style>
        div
        {
            width:250px;
            height:100px;
            border:1px solid black;
            display:-webkit-box; /* Safari, Opera, and Chrome */
            -webkit-box-direction:reverse;
        }
    </style>
</head>
<body>
    <div>
        <p>段落 1。</p>
        <p>段落 2。</p>
        <p>段落 3。</p>
    </div>
</body>
</html>
```

页面文件 h12_3_2.html 在 Chrome 浏览器中执行后，显示的效果如图 12-3-2 所示。

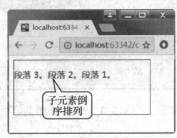

图 12-3-2　页面文件 h12_3_2.html 在浏览器中执行的效果

【案例实践】新建一个页面，给页面中的元素设置盒子属性，给子元素设置 box-direction 属性，通过该属性，实现盒子中元素的排列次序。

【扩展知识】弹性盒子模型全部属性总共八个，在 12.1 节中已经介绍了两个，加上本节中介绍的 box-flex，我们已经掌握了三个。其余五个见表 12-3-1。

表 12-3-1　弹性盒子模型其他属性

属 性 值	说 明
box-align	规定如何对齐框的子元素
box-direction	规定框的子元素的显示方向
box-flex-group	将可伸缩元素分配到柔性分组

续表

属 性 值	说　明
box-lines	规定当超出父元素框的空间时是否换行显示
box-pack	规定水平框中的水平位置或者垂直框中的垂直位置

12.4 熟练掌握 CSS3 中新增的文本属性

在 CSS3 中，新增了大量文本属性，主要包括文本溢出的处理、阴影的设置、标点的设置、文本对齐方法、文本轮廓、换行规则等。接下来我们一起来学习一下。

1. text-overflow 属性

【技能目标】掌握 text-overflow 属性在页面中的基本使用方法，初步理解该属性的功能，并能结合需求使用该属性。

【语法格式】

```
text-overflow: clip|ellipsis|string;
```

【格式说明】text-overflow 规定当文本溢出包含元素时发生的事情，不同的属性值规定了对溢出部分的处理方式。clip 指修剪文本，ellipsis 指显示省略符号来代表被修剪的文本，string 指使用给定的字符串来代表被修剪的文本。

【案例演示】需求：使用 text-overflow 属性，规定当文本溢出包含元素时对文本的处理方式。根据上述功能，新建一个名称为 h12_4_1.html 的文件，在页面中加入如清单 12-4-1 所示的代码。

清单 12-4-1　页面文件 h12_4_1.html 的源文件

```
<!DOCTYPE html>
<html lang="en">
<head>
    <meta charset="UTF-8">
    <title>Title</title>
    <style>
        div{
            white-space:nowrap;/*文本不换行*/
            width: 100px;
            overflow:hidden;/*溢出内容被隐藏*/
            border:1px solid #000000;
            text-overflow:ellipsis;/*溢出内容显示为...*/
        }
    </style>
</head>
<body>
    <div>中华民族是一个伟大的民族</div>
</body>
</html>
```

页面文件 h12_4_1.html 在 Chrome 浏览器中执行后，显示的效果如图 12-4-1 所示。

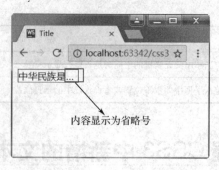

内容显示为省略号

图 12-4-1　页面文件 h12_4_1.html 在浏览器中执行的效果

【案例实践】新建一个页面，给元素添加 text-overflow 属性，并设置对应值。通过该属性和值，处理容器内溢出的文本。

【扩展知识】在页面中，目前所有主流浏览器都支持 text-overflow 属性，该属性使用的前提是有文本溢出，所以通常和 overflow:hidden 合用。此外，text-overflow 属性中，ellipsis 值最常用，通常都用 JavaScript 来完成这个效果，该值的出现，大大简化了用户的开发。

2．text-shadow 属性

【技能目标】掌握 text-shadow 属性在页面中的基本使用方法，初步理解该属性的功能，并能结合需求使用该属性。

【语法格式】

```
text-shadow: h-shadow v-shadow blur color;
```

【格式说明】text-shadow 属性规定文本阴影效果。h-shadow 规定水平阴影的位置，必填，数值可正可负，正数阴影向右侧移动相应距离，反之亦然；v-shadow 规定垂直阴影的位置，数值同 h-shadow；blur 表示模糊的距离，为正数，数值越大越模糊，默认为 0（清晰可见）；color 表示阴影的颜色。

【案例演示】需求：使用 text-shadow 属性，规定文本阴影效果。根据上述功能，新建一个名称为 h12_4_2.html 的文件，在页面中加入如清单 12-4-2 所示的代码。

清单 12-4-2　页面文件 h12_4_2.html 的源文件

```
<!DOCTYPE html>
<html lang="en">
<head>
    <meta charset="UTF-8">
    <title>Title</title>
    <style>
        p{text-shadow: 5px 5px 5px blue;}
    </style>
</head>
<body>
    <p><font color='red'>文本阴影效果！</font></p>
</body>
</html>
```

页面文件 h12_4_2.html 在 Chrome 浏览器中执行后，显示的效果如图 12-4-2 所示。

图 12-4-2　页面文件 h12_4_2.html 在浏览器中执行的效果

【案例实践】新建一个页面，给页面中文本元素添加 text-shadow 属性，通过该属性，实现在页面中文本的阴影效果。

【扩展知识】在 CSS3 中，新增的文本属性比较多，本节介绍了两个。此外，CSS3 增加的其他文本属性见表 12-4-1。

表 12-4-1　CSS3 增加的其他文本属性

属　性　值	说　　明
word-spacing	设置单词间距
hanging-punctuation	规定标点字符是否位于线框之外
punctuation-trim	规定是否对标点字符进行修剪
text-align-last	设置如何对齐最后一行或紧挨着强制换行符之前的行
text-emphasis	向元素的文本应用重点标记以及重点标记的前景色
text-justify	规定当 text-align 设置为 "justify" 时所使用的对齐方法
text-outline	规定文本的轮廓
text-wrap	规定文本的换行规则
word-break	规定非中、日、韩文本的换行规则
word-wrap	允许对长的不可分割的单词进行分割并换行到下一行

更多相关的内容，请扫描二维码，通过微课程详细了解。

12.5　运用 CSS 绘制图形

我们可以借助 HTML5 绘制出丰富的图形，此外还可以借助 CSS 来绘制出更为丰富的图形。相对 HTML5，CSS 绘制图形更具优势，它能让开发者在调试样式时给予图形更多的展示效果。接下来详细介绍这个项目。

【任务描述】通过学习 CSS 图形绘制的技巧，实现不同的原型类型。

【页面结构】根据上述功能，新建一个名称为 index.html 的文件，在页面中加入如清单 12-5-1 所示的代码。

清单 12-5-1　页面文件 index.html 的源文件

```
<style type='text/css'>
    h1{
```

```
        width: 300px;
        margin: auto;
    }
    div{
        margin: 20px;
        float: left;
    }
    /*圆*/
    div:first-child{
        width: 150px;
        height: 150px;
        background-color: red;
        border-radius: 75px;
    }
    /*拱形*/
    div:nth-child(2){
        width: 150px;
        height: 150px;
        background-color: red;
        border-radius: 150px 150px 0px 0px;
    }
...
</style>
```

【页面布局】页面文件 index.html 在 Chrome 浏览器中执行后，显示的效果如图 12-5-1 所示。

常用几何图形的绘制

图 12-5-1　页面文件 index.html 在浏览器中执行的效果

【源码分析】代码中不同的圆形类型，可以通过设置不同的 width、height 及 border-radius 实现。第一个圆形是将 width 和 height 同时设置为 150px，border-radius 设置为 75px；第二个圆形是将 border-radius 设置为 150px 150px 0px 0px。

第13章

CSS 高级应用

本章学习目标：

◆ 掌握并理解 CSS 中新增的界面和多列属性。

◆ 了解并理解 CSS3 中实现 2D、3D 和过渡动画效果。

◆ 了解并掌握 CSS3 中自定义动画和制作小游戏的流程。

13.1 用户界面新增的属性

在 CSS3 中，新增了许多用户界面属性，这些属性主要用于调整元素尺寸、框尺寸和外边框等。接下来我们来详细了解一下。

1. resize 属性

【技能目标】掌握 resize 属性在页面中的基本使用方法，初步理解该属性的功能，并能结合需求使用该属性。

【语法格式】

```
resize: none|both|horizontal|vertical;
```

【格式说明】resize 属性规定是否可由用户调整元素的尺寸，主要是高度和宽度。none 表示用户无法调整元素的尺寸；both 表示用户可以调整元素的高度和宽度；horizontal 表示用户可调整元素的宽度；vertical 表示用户可调整元素的高度。

【案例演示】需求：使用 resize 属性，规定是否可由用户调整元素的尺寸。根据上述功能，新建一个名称为 h13_1_1.html 的文件，在页面中加入如清单 13-1-1 所示的代码。

清单 13-1-1 页面文件 h13_1_1.html 的源文件

```
<!DOCTYPE html>
<html lang="en">
<head>
    <meta charset="UTF-8">
    <style type='text/css'>
        div
        {
            border:2px solid;
            padding:10px 40px;
            width:180px;
            resize:both;
            overflow:auto;
        }
    </style>
</head>
```

```
<body>
    <div>用户可以调整元素尺寸。</div>
</body>
</html>
```

页面文件 h13_1_1.html 在 Chrome 浏览器中执行后，显示的效果如图 13-1-1 所示。

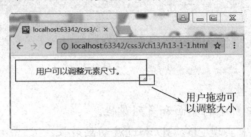

图 13-1-1　页面文件 h13_1_1.html 在浏览器中执行的效果

【案例实践】新建一个页面，给元素添加 resize 属性。通过该属性规定是否允许用户调整元素大小。

【扩展知识】在页面中，目前主流浏览器都支持 resize 属性。需要说明的是，如果希望此属性生效，需要设置元素的 overflow 属性，值可以是 auto、hidden 或 scroll。

2. box-sizing 属性

【技能目标】掌握 box-sizing 属性在页面中的基本使用方法，初步理解该属性的功能，并能结合需求使用该属性。

【语法格式】

```
box-sizing: content-box|border-box|inherit;
```

【格式说明】box-sizing 属性允许用户以特定的方式定义匹配某个区域的特定元素。content-box 规定宽度和高度分别应用到元素的内容框，在宽度和高度之外绘制元素的内边距和边框；border-box 规定为元素设定的宽度和高度决定了元素的边框盒；inherit 规定应从父元素继承 box-sizing 属性的值。

【案例演示】需求：使用 box-sizing 属性，规定框中子元素的水平或垂直排列。根据上述功能，新建一个名称为 h13_1_2.html 的文件，在页面中加入如清单 13-1-2 所示的代码。

清单 13-1-2　页面文件 h13_1_2.html 的源文件

```
<!DOCTYPE html>
<html lang="en">
<head>
    <meta charset="UTF-8">
    <style type='text/css'>
        div.container
        {
            width:200px;
            height:150px;
            border:5px solid;
        }
        div.box
        {
            box-sizing:border-box;
            width:100px;
```

```
                height:150px;
                border:10px solid red;
                padding: 10px;
                float:left;
            }
    </style>
</head>
<body>
    <div class="container">
        <div class="box">border-box 内容高宽会被挤占。</div>
        <div class="box">border-box 内容高宽会被挤占。</div>
    </div>
</body>
</html>
```

页面文件 h13_1_2.html 在 Chrome 浏览器中执行后，显示的效果如图 13-1-2 所示。

图 13-1-2   页面文件 h13_1_2.html 在浏览器中执行的效果

【案例实践】新建一个页面，给该元素添加 box-sizing:border-box 属性，通过该属性，确切地规定元素所占位置大小。也就是说，设定的高度和宽度是确定的，元素的实际高度和宽度是变化的。从已设定的宽度和高度分别减去边框和内边距才能得到内容的实际宽度和高度。

【扩展知识】在 CSS3 中，新增的用户界面特性主要用来调整元素尺寸、框尺寸和外边框。除了以上介绍的两个外，其余详见表 13-1-1。

表 13-1-1   CSS3 新增用户界面其他属性

属 性 值	说　　明
appearance	允许用户将元素设置为标准用户界面元素的外观
icon	为创作者提供使用图标化等价物来设置元素样式的能力
nav-down	规定在使用 arrow-down 导航键时向何处导航
nav-index	设置元素的 tab 键控制次序
nav-left	规定在使用 arrow-left 导航键时向何处导航
nav-right	规定在使用 arrow-right 导航键时向何处导航
nav-up	规定在使用 arrow-up 导航键时向何处导航
outline-offset	对轮廓进行偏移，并在超出边框边缘的位置绘制轮廓

13.2　CSS 中新增的多列属性

CSS3 中新增了可以实现多列布局的属性，在此之前的实现很麻烦，可能需要各种定位，现在只需要一个属性就可以实现。多列布局类似于报纸的布局，这样可以方便读者观看。接下来我们来详细学习一下。

1. column-count 属性

【技能目标】掌握 column-count 属性的基本使用方法，初步理解该属性的功能，并能结合需求使用该属性实现多列布局。

【语法格式】

```
column-count: number|auto;
```

【格式说明】column-count 属性规定元素应该被划分的列数。number 指元素内容将被划分的列数；auto 由其他属性决定列数，如"column-width"。

【案例演示】需求：使用 column-count 属性，实现多列布局。根据上述功能，新建一个名称为 h13_2_1.html 的文件，在页面中加入如清单 13-2-1 所示的代码。

清单 13-2-1　页面文件 h13_2_1.html 的源文件

```html
<!DOCTYPE html>
<html lang="en">
<head>
    <meta charset="UTF-8">
    <style>
        .newspaper
        {
            column-count:3;
        }
    </style>
</head>
<body>
    <div class="newspaper">
        2017 年 6 月 20 日，中国私人财富市场迎来十周年之际，在个人高端客户金融服务领域享
有盛誉的招商银行和全球领先的管理咨询公司贝恩公司联合发布《2017 中国私人财富报告》，这是继 2009
年、2011 年、2013 年和 2015 年四度合作后，双方第五次就内地高端私人财富市场所做的权威研究。报
告指出，2016 年中国个人可投资资产 1000 万人民币以上的高净值人群规模已达到 158 万人，全国个人
持有的可投资资产总体规模达到 165 万亿人民币。
    </div>
</body>
</html>
```

页面文件 h13_2_1.html 在 Chrome 浏览器中执行后，显示的效果如图 13-2-1 所示。

【案例实践】新建一个页面，给元素添加 column-count 属性，实现元素内容成多列显示效果。

【扩展知识】多列显示的需求源于单行文字太长会影响用户的阅读欲望，如果分成多列，每行文字比较短，可阅读性会大大提高。此外，值得一提的是，不指明列数也可以使用column-width 属性设置列宽来实现多列显示。

图 13-2-1　页面文件 h13_2_1.html 在浏览器中执行的效果

2．column-rule 属性

【技能目标】掌握 column-rule 属性的基本使用方法，初步理解该属性的功能，并能结合需求使用该属性。

【语法格式】

```
column-rule:column-rule-width|column-rule-style | column-rule-color;
```

【格式说明】column-rule 属性用于设置所有列的宽度和颜色规则，是 column-rule-*的简写属性。column-rule-width 设置列之间的宽度规则，column-rule-style 设置列之间的样式规则，column-rule-color 设置列之间的颜色规则。

【案例演示】需求：使用 column-rule 属性，设置所有 column-rule-*属性。根据上述功能，新建一个名称为 h13_2_2.html 的文件，在页面中加入如清单 13-2-2 所示的代码。

清单 13-2-2　页面文件 h13_2_2.html 的源文件

```
<!DOCTYPE html>
<html lang="en">
<head>
    <meta charset="UTF-8">
    <style type='text/css'>
     .newspaper
      {
          column-count:3;
          column-gap:40px;
          column-rule:4px outset #ff0000;
      }
    </style>
</head>
<body>
    <div class="newspaper">
        2017 年 6 月 20 日，中国私人财富市场迎来十周年之际，在个人高端客户金融服务领域享
有盛誉的招商银行和全球领先的管理咨询公司贝恩公司联合发布《2017 中国私人财富报告》，这是继 2009
年、2011 年、2013 年和 2015 年四度合作后，双方第五次就内地高端私人财富市场所做的权威研究。报
告指出，2016 年中国个人可投资资产 1000 万人民币以上的高净值人群规模已达到 158 万人，全国个人
持有的可投资资产总体规模达到 165 万亿人民币。
    </div>
</body>
</html>
```

页面文件 h13_2_2.html 在 Chrome 浏览器中执行后，显示的效果如图 13-2-2 所示。

【案例实践】新建一个页面，给元素添加 column-rule 属性，通过该属性，实现在页面中

所有列的宽度、样式和颜色规则。

图 13-2-2　页面文件 h13_2_2.html 在浏览器中执行的效果

【扩展知识】在 CSS3 中新增的多列属性很多，除了以上介绍的几个外，其余详见表 13-2-1。

表 13-2-1　CSS3 新增的其他多列属性

属　性　值	说　　　明
column-fill	规定如何填充列
column-gap	规定列之间的间隔
column-span	规定元素应该横跨的列数
column-width	规定列的宽度
columns	规定设置 column-width 和 column-count 的简写属性

13.3　2D、3D 转换的相关属性

弹性盒模型（flex box）是 CSS3 引入的新布局模型，与传统盒子模型相比，很好地适应了响应式布局的需要。它的优势在于开发人员只是声明布局应该具有的行为，而不需要给出具体的实现方式，浏览器就会负责完成实际的布局。

1. translate3d 位置移动属性

【技能目标】掌握 translate 属性的基本使用方法，初步理解 translate 属性的功能，并能结合需求使用 translate 属性完成元素的位置移动。

【语法格式】

```
transform: translate3d(x,y,z)
```

【格式说明】transform 属性向元素应用 2D 或 3D 转换。该属性允许我们对元素进行旋转、缩放、移动或倾斜。Translate 用于完成其中的移动：translate(x,y)定义 2D 移动；translate3d(x,y,z)定义 3D 移动；translateX(x)定义沿 X 轴移动；translateY(y)定义沿 Y 轴移动；translateZ(z)定义沿 Z 轴移动。

【案例演示】需求：使用 transform 属性，实现元素的 3D 移动。根据上述功能，新建一个名称为 h13_3_1.html 的文件，在页面中加入如清单 13-3-1 所示的代码。

清单 13-3-1　页面文件 h13_3_1.html 的源文件

```html
<!DOCTYPE html>
<html lang="en">
<head>
    <meta charset="UTF-8">
    <style>
        div{
            border:1px solid black;
            width: 60px;
            height: 30px;
        }
        .newspaper
        {
            transform:translate3d(50px,50px,50px);
        }
    </style>
</head>
<body>
    <div>3d 移动</div>
    <div class="newspaper">3d 移动</div>
</body>
</html>
```

页面文件 h13_3_1.html 在 Chrome 浏览器中执行后，显示的效果如图 13-3-1 所示。

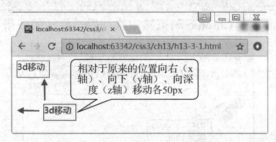

图 13-3-1　页面文件 h13_3_1.html 在浏览器中执行的效果

【案例实践】新建一个页面，给元素添加 transform:translate3d(50px,50px,50px);属性，实现该元素位置的移动效果。

【扩展知识】translate()为画布的变换矩阵添加水平和垂直的偏移，translate3d()方法除了水平和垂直偏移外又增加了深度，使得元素的移动功能得到较大增强，效果更加丰富。

2. rotate3d 元素旋转属性

【技能目标】掌握 rotate3d 元素旋转属性的基本使用方法，初步理解该属性的功能，并能结合需求使用它们。

【语法格式】

```
transform: rotate3d(x,y,z,angle);
```

【格式说明】transform 属性向元素应用 2D 或 3D 转换，包括旋转、缩放、移动或倾斜。rotate3d 用于完成其中的旋转：rotate(angle)定义 2D 旋转；rotate3d(x,y,z,angle)定义 3D 旋转；rotateX(angle)定义沿 X 轴旋转；rotateY(angle)定义沿 Y 轴旋转；rotateZ(angle)定义沿 Z 轴旋转。

【案例演示】需求：使用 rotate 函数，设置元素的旋转效果。根据上述功能，新建一个名称为 h13_3_2.html 的文件，在页面中加入如清单 13-3-2 所示的代码。

清单 13-3-2　页面文件 h13_3_2.html 的源文件

```html
<!DOCTYPE html>
<html lang="en">
<head>
    <meta charset="UTF-8">
    <style>
        div{
            border:1px solid black;
            width: 60px;
            height: 30px;
            background-color: blue;
            margin-top: 30px;
        }
        .newspaper
        {
            transform: rotate3d(1, 1, 1, 60deg);
        }
    </style>
</head>
<body>
    <div class="newspaper">3d 旋转</div>
</body>
</html>
```

页面文件 h13_3_2.html 在 Chrome 浏览器中执行后，显示的效果如图 13-3-2 所示。

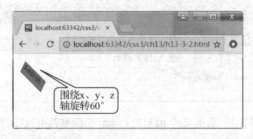

图 13-3-2　页面文件 h13_3_2.html 在浏览器中执行的效果

【案例实践】新建一个页面，给页面中元素设置 rotate 函数，通过该函数，实现元素旋转效果。

【扩展知识】不难看出，rotate3d 和 translate3d 不同，rotate3d(x,y,z,angle)需要使用者对旋转的轴向进行判断，如果需要沿着某方向的轴转动，就将轴的值设置为 1，否则为 0；然后，在后面的 angle 中设置旋转的角度，需要注意的是，angle 只有一个角度值。

更多相关的内容，请扫描二维码，通过微课程详细了解。

13.4　CSS3 的过渡属性

CSS3 过渡属性的出现，使得我们在添加某种效果从一种样式转变到另一种时，无须使用 Flash 动画或 JavaScript。本章主要学习如何使用 CSS3 实现过渡，以及常用过渡属性有哪些。下面进行具体讲解。

1. transition-property 属性

【技能目标】掌握 transition-property 属性的基本使用方法，初步理解 transition-property 属性的功能，结合需求使用 transition-property 属性完成开发。

【语法格式】

```
transition-property: none|all|property;
```

【格式说明】transition-property 属性规定应用过渡效果的 CSS 属性的名称，当指定的 CSS 属性改变时，过渡效果将开始。none 表示没有属性会获得过渡效果；all 表示所有属性都将获得过渡效果；property 定义应用过渡效果的 CSS 属性名称列表，可以为一个或多个，多个以逗号分隔。

【案例演示】需求：使用 transition-property 属性，实现元素的过渡效果。根据上述功能，新建一个名称为 h13_4_1.html 的文件，在页面中加入如清单 13-4-1 所示的代码。

清单 13-4-1　页面文件 h13_4_1.html 的源文件

```html
<!DOCTYPE html>
<html lang="en">
<head>
    <meta charset="UTF-8">
    <style>
        div
        {
            width:100px;
            height:100px;
            background:blue;
            transition-property: width, height;
            transition-duration: 2s;
        }
        div:hover
        {
            height:300px;
            width:300px;
        }
    </style>
</head>
<body>
    <div>过渡效果</div>
</body>
</html>
```

页面文件 h13_4_1.html 在 Chrome 浏览器中执行后，显示的效果如图 13-4-1 所示。

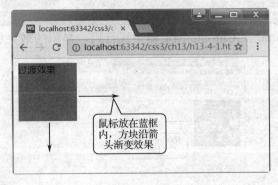

图 13-4-1　页面文件 h13_4_1.html 在浏览器中执行的效果

【案例实践】新建一个页面，给元素添加 transition-property 属性，实现元素的过渡效果。

【扩展知识】transition-property 属性通常与 transition-duration 时间属性合用，完成动画效果。请设置 transition-duration 属性，否则时长默认为 0，就不会产生过渡效果。当然，过渡动画需要事件配合，通常在用户将鼠标指针浮动到元素上时发生。

2. transition-duration 属性

【技能目标】掌握 transition-duration 属性的基本使用方法，初步理解该属性的功能，并能结合需求使用 transition-duration 属性完成开发。

【语法格式】

```
transition-duration: time;
```

【格式说明】transition-duration 属性规定完成过渡效果需要花费的时间（以秒或毫秒计）。time 规定完成过渡效果需要花费的时间，默认值是 0，意味着不会有效果。设置时间值时后面需要跟上单位，如 5s、2000ms。

【案例演示】需求：使用 transition-duration 属性，设置元素的过渡效果。根据上述功能，新建一个名称为 h13_4_2.html 的文件，在页面中加入如清单 13-4-2 所示的代码。

清单 13-4-2　页面文件 h13_4_2.html 的源文件

```html
<!DOCTYPE html>
<html lang="en">
<head>
    <meta charset="UTF-8">
    <style>
        div
        {
            width:100px;
            height:100px;
            background:blue;
            transition-property:width;
            transition-duration:5000ms;
        }
        div:hover
        {
            width:300px;
        }
    </style>
</head>
<body>
    <div>时间控制过渡效果</div>
</body>
</html>
```

页面文件 h13_4_2.html 在 Chrome 浏览器中执行后，显示的效果如图 13-4-2 所示。

图 13-4-2　页面文件 h13_4_2.html 在浏览器中执行的效果

【案例实践】新建一个页面，给页面中元素设置 transition-duration 属性，通过该属性，实现过渡效果。

【扩展知识】事实上，过渡效果是通过时间单位和属性共同完成的，所以本节两个属性合用，才是一个完整的过渡效果。此外，对于过渡，CSS3 总共增加了五个属性，本节介绍的两个是最实用的，其他三个见表 13-4-1。

表 13-4-1　CSS3 新增过渡效果其他属性

属 性 值	说 明
transition	简写属性，用于在一个属性中设置四个过渡属性
transition-timing-function	规定过渡效果的时间曲线
transition-delay	规定过渡效果何时开始

更多相关的内容，请扫描二维码，通过微课程详细了解。

13.5　CSS3 中的动画制作和效果以及小游戏

CSS3 新增了动画属性，这可以在许多网页中取代动画图片、Flash 动画及 JavaScript，大大简化了用户的开发。本章主要学习如何使用 CSS3 实现动画，以及常用动画属性有哪些。下面就进行具体讲解。

1. CSS3 的@keyframes 属性

【技能目标】掌握@keyframes 属性创建动画的基本使用方法，初步理解@keyframes 属性的功能，并能结合需求使用@keyframes 属性完成开发。

【语法格式】

```
@keyframes animationname {keyframes-selector {css-styles;}}
```

【格式说明】在 CSS3 中@keyframes 规则用于创建动画。创建动画的原理是，将一套 CSS 样式逐渐变化为另一套样式。animationname 定义动画的名称；keyframes-selector 定义动画时长的百分比；css-styles 定义一个或多个合法的 CSS 样式属性。

【案例演示】需求：使用@keyframes 属性创建动画，实现页面元素的动画效果。根据上述功能，新建一个名称为 h13_5_1.html 的文件，在页面中加入如清单 13-5-1 所示的代码。

清单 13-5-1　页面文件 h13_5_1.html 的源文件

```
<!DOCTYPE html>
<html lang="en">
<head>
    <meta charset="UTF-8">
    <style>
        div{width:150px;
            height:50px;
            background:red;
            position:relative;
            animation:myfirst 5s;}
        @keyframes myfirst{
        0%  {background:red; left:0px; top:0px;}
```

```
        25%  {background:yellow; left:100px; top:0px;}
        50%  {background:blue; left:100px; top:100px;}
        75%  {background:green; left:0px; top:100px;}
        100% {background:red; left:0px; top:0px;}
    }
    </style>
</head>
<body>
    <div>@keyframes myfirst 定义动画效果</div>
</body>
</html>
```

页面文件 h13_5_1.html 在 Chrome 浏览器中执行后，显示的效果如图 13-5-1 所示。

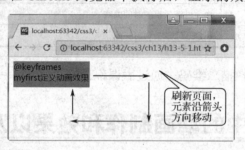

图 13-5-1　页面文件 h13_5_1.html 在浏览器中执行的效果

【案例实践】新建一个页面，创建动画，并为页面元素引入该动画，实现元素的动画效果。

【扩展知识】在动画过程中，用户可以多次改变这套 CSS 样式。以百分比来规定改变发生的时间，或者通过关键词"from"和"to"，等价于 0% 和 100%。0% 是动画的开始时间，100% 是动画的结束时间。为了获得最佳的浏览器支持，应该始终定义 0% 和 100% 选择器。

2．animation 属性制作小游戏

【技能目标】掌握 animation 属性的基本使用方法，初步理解该属性的功能，并能结合需求使用 animation 属性完成小游戏开发。

【语法格式】

```
animation: name duration timing-function delay iteration-count direction;
```

【格式说明】animation 属性用于设置六个动画属性。其中，name 规定需要绑定到选择器的 keyframes 名称，duration 规定完成动画所花费的时间，timing-function 规定动画的速度曲线，delay 规定动画的延迟时间，iteration-count 规定动画的播放次数，direction 规定是否反向播放动画。

【案例演示】需求：使用 animation 属性，设置页面中的小球围绕方框循环播放，模拟小游戏开发。根据上述功能，新建一个名称为 h13_5_2.html 的文件，在页面中加入如清单 13-5-2 所示的代码。

清单 13-5-2　页面文件 h13_5_2.html 的源文件

```
<style type="text/css">
    body,div{
        margin: 0px;
        padding: 0px;
    }
    #box{
```

```
        border: solid 2px red;
        width: 300px;
        height: 200px;
    }
    #ball{
        width: 50px;
        height: 50px;
        background-color: orange;
        border-radius: 50%;
        animation: moveball 3s;
        animation-iteration-count:infinite;
        animation-direction: alternate;
        position: relative;
    }
    @keyframes moveball {
        0%{
            left: 0px;
            top:0px;
        }
        25%{
            left: 250px;
            top:2px;
        }
        50%{
            left:250px;
            top:150px
        }
        75%{
            left:0px;
            top:150px;
        }
        100%{
            left:0px;
            top:0px;
        }
    }
    </style>
<body> .
<div id="box"><div id="ball"></div></div>
<div><input type="button" id="btnStop"  value="暂停" /></div>
<script type="text/javascript">
    var btn=document.getElementById("btnStop");
    var ball=document.getElementById("ball");
    var status=1;
    btn.onclick=function(e) {
        if(status==1){
            ball.style.animationPlayState="paused";
            status=0; this.value='开始';
        }else{
            ball.style.animationPlayState="running";
            status=1; this.value='暂停';
        }
    }
</script>
</body>
```

页面文件 h13_5_2.html 在 Chrome 浏览器中执行后，显示的效果如图 13-5-2 所示。

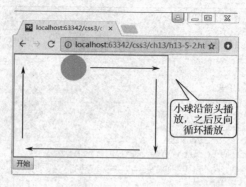

图 13-5-2　页面文件 h13_5_2.html 在浏览器中执行的效果

【案例实践】新建一个页面，使用 animation 属性，设置页面元素的动画效果，模拟小游戏开发。

【扩展知识】animation 实现动画效果是通过时间单位和切换 CSS 样式共同完成的。CSS3 除了这六个动画属性外，还有其他两个属性，见表 13-5-1。

表 13-5-1　CSS3 新增动画效果其他属性

属　性　值	说　　明
animation-play-state	规定动画是否正在运行或暂停
animation-fill-mode	规定对象动画时间之外的状态

更多相关的内容，请扫描下列二维码，通过微课程详细了解。

13.6　运动的图片

之前我们想要让页面中的元素动起来，依靠的是 JS 的力量。自从 HTML5 及 CSS3 出现后，我们可以很方便地通过 CSS3 的样式来控制一个图形的变化运动，极大地方便了开发者的工作。接下来详细介绍这个项目。

【任务描述】通过使用 CSS3 动画，让一个图片能在页面中运动起来。

【页面结构】根据上述功能，新建一个名称为 index.html 的文件，在页面中加入如清单 13-6-1 所示的代码。

清单 13-6-1　页面文件 index.html 的源文件

```
<style type='text/css'>
    div{
        width: 100px;
        height: 200px;
        margin: 200px auto;
        animation:biu  3s both;
    }
    @keyframes biu{
        from{
            transform: rotate(0deg);
        }
```

```
        50%{
            transform: rotate(30deg);
        }
        to{
            transform: translate(200px,-200px) rotate(30deg);
        }
    }
</style>
<div><img src="11.jpg" alt=""/></div>
```

【页面布局】页面文件 index.html 在 Chrome 浏览器中执行后，显示的效果如图 13-6-1 所示。

图 13-6-1　页面文件 index.html 在浏览器中执行的效果

【源码分析】代码中可以通过@keyframes 来设置从一个样式逐渐过渡到另一个样式，分别指定起始动画样式、中间动画样式及最终动画样式。并且在 div 内设置 animation，指定动画时间。

第14章

CSS 选择符的高级应用

本章学习目标：

◆ 掌握并理解媒体查询写成响应式布局的方法。
◆ 了解并理解 CSS 中新增属性、伪类选择符、伪对象选择符的使用方法。
◆ 了解并掌握 CSS 中取值、图像类型函数的使用。
◆ 了解并理解 CSS3 中 hack 属性的基本使用方法。

14.1　媒体查询完成响应式布局

一个网站可以兼容多个终端版本的布局格式，称为响应式布局。其优点是：面对不同分辨率设备灵活性强，同时能够快捷解决多设备显示适应问题；其缺点是：兼容各种设备工作量大，效率低下，代码累赘，会隐藏无用的元素，加载时间加长。

1．媒体查询语句在 link 标记中的应用

【技能目标】掌握媒体查询语句的使用格式，理解媒体查询的工作原理，能够利用该语句通过 link 标记实现响应式布局的效果。

【语法格式】

```
<link media="条件判断">
```

【格式说明】在<link>标记中，media 属性可以响应式加载样式。该属性值是一个逻辑表达式，如"screen"表示页面屏幕，"max-width"和"min-width"分别表示小于和大于等于指定的尺寸。

【案例演示】需求：创建两个样式文件，通过响应式加载的方式，实现不同分辨率加载不同样式文件。根据上述功能，新建一个名称为 cs3_1.html 的文件，在页面中加入如清单 14-1-1 所示的代码。

清单 14-1-1　页面文件 cs3_1. html 的源文件

```
<!DOCTYPE html>
<html lang="en">
<head>
    <meta charset="UTF-8">
    <title>Title</title>
    <link rel="stylesheet"  href="css/css1.css"
        media="screen and (max-width:480px)">
    <link rel="stylesheet"  href="css/css2.css"
        media="screen and (min-width:480px)">
</head>
```

```
<body><div>今天天气不错</div></body>
</html>
```

在上述页面清单的头部元素<head>中，通过<link>标记，采用响应式布局的方式，分别加载了两个样式文件，它们的代码如清单 14-1-2 和清单 14-1-3 所示。

清单 14-1-2　样式文件 css1.css 的源文件

```
div{
    font-family: 微软雅黑;
    font-style: italic;
}
```

清单 14-1-3　样式文件 css2.css 的源文件

```
div{
    font-family:宋体;
    font-weight: bold;
}
```

页面文件 cs3_1.html 在 Chrome 浏览器中执行后，显示的效果如图 14-1-1 所示。

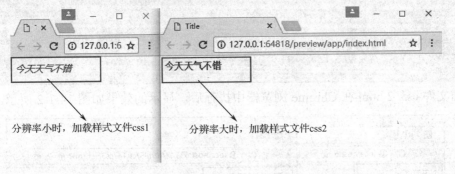

图 14-1-1　页面文件 cs3_1.html 在浏览器中执行的效果

【案例实践】新建一个页面，运用响应式布局的方式，分别加载两个不同的样式文件，实现分辨率不同加载样式不同的页面显示效果。

【扩展知识】需要说明的是，在<link>元素中的 "media" 的值，是一个逻辑型的表达式，用于判断当前页面的分辨率。当表达式的值为真时，则加载 "href" 属性中的样式文件，否则不加载。

2．在 style 标记中应用媒体查询语句

【技能目标】掌握 style 标记中应用媒体查询语句的方法，理解媒体查询语句在标记中的工作原理，能够快速地通过 style 标记实现响应式布局的功能。

【语法格式】

```
@media  (条件判断)
{ //样式代码 }
```

【格式说明】在上述代码中，@media 是在<style>元素中的命令语句，也是 CSS3 中新增加的关键字，用于实现样式代码的响应式布局。根据条件判断，如果为 true，则执行代码块的样式代码。

【案例演示】需求：在页面中，通过<style>元素中的@media 命令，实现不同分辨率，执行不同样式。根据上述功能，新建一个名称为 cs3_2.html 的文件，在页面中加入如清单 14-1-4 所示的代码。

清单 14-1-4　页面文件 cs3_2. html 的源文件

```html
<!DOCTYPE html>
<html lang="en">
<head>
    <meta charset="UTF-8">
    <title>Title</title>
    <style type="text/css">
      @media screen and (max-width: 480px) {
          div {
              font-family:宋体;
              color: red;
          }
      }
      @media screen and (min-width: 480px) {
          div {
              font-family: 微软雅黑;
              color: blue;
          }
      }
    </style>
</head>
<body><div>今天可能会下雨</div></body>
</html>
```

页面文件 cs3_2.html 在 Chrome 浏览器中执行后，显示的效果如图 14-1-2 所示。

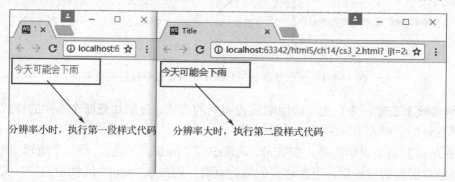

图 14-1-2　页面文件 cs3_2.html 在浏览器中执行的效果

【案例实践】新建一个页面，并在页面中添加<style>标记，在标记中使用@media 命令，编写多段样式代码，实现不同分辨率执行不同样式代码的效果。

【扩展知识】服务端向连接的客户端推送数据时，既可以是单条字符内容，也可以是一个 JSON 格式数据。通常使用 code 属性区分不同时段或类型的广告内容，客户端接收后，通过该属性值进行检测，将不同类型的推送消息显示在不同的位置。

14.2　属性选择符中新增的属性

属性选择符是 CSS3 中常用的选择器，虽然它定位元素的速度比其他选择器要慢，但其方便、简单的特性也深受开发人员喜爱。在 CSS3 新的版本中，针对属性选择符，又新增了多个非常实用、高效的属性选择器。接下来进行详细介绍。

1．新增的属性选择器

【技能目标】掌握新增属性选择器的基本用法，理解选择器在定位元素过程中的原理，能够快速地根据实际需求，编写通过属性选择器定位元素的代码。

【语法格式】

```
E[att^="val"]
E[att$="val"]
E[att*="val"]
```

【格式说明】第一行表示匹配具有 att 属性并且值为以 val 开头的 E 元素，第二行表示具有 att 属性并且值为以 val 结尾的 E 元素，第三行表示具有 att 属性并且值为包含 val 的 E 元素。

【案例演示】需求：在列表中，添加三个<li>元素，通过属性选择器控制<li>元素的内容样式。根据上述功能，新建一个名称为 cs3_3.html 的文件，在页面中加入如清单 14-2-1 所示的代码。

清单 14-2-1　页面文件 cs3_3. html 的源文件

```html
<!DOCTYPE html>
<html lang="en">
<head>
    <meta charset="UTF-8">
    <title>Title</title>
    <style type="text/css">
        li[data-a^='A']{
            font-size: 11px;
        }
        li[data-b$='A']{
            font-size: 16px;
        }
        li[data-c*='A']{
            font-size: 21px;
        }
    </style>
</head>
<body>
    <ul>
        <li data-a="ABC">表项一</li>
        <li data-b="BCA">表项二</li>
        <li data-c="BAC">表项三</li>
    </ul>
</body>
</html>
```

页面文件 cs3_3.html 在 Chrome 浏览器中执行后，显示的效果如图 14-2-1 所示。

【案例实践】新建一个页面，并增加多个<div>元素，通过 CSS3 中新增的属性选择器，定位某个元素，并将元素的背景色与字体设置为红色和白色，将效果显示在页面中。

【扩展知识】需要说明的是，由于属性选择器在定位元素时非常缓慢，因此，即使在 CSS3 中新增了很多实用、高效的选择器，但出于性能的考虑，建议还是尽量少用这种选择器方式。

图 14-2-1　页面文件 cs3_3.html 在浏览器中执行的效果

2．新增的其他类型选择器

【技能目标】掌握其他类型选择器的功能使用，理解这类选择器在执行过程中的工作原理，并能够根据实际的需求，快速地通过其他类型的选择器定位元素。

【语法格式】

```
E:not(){ sRules }
```

【格式说明】在上述格式代码中，E 表示匹配成功的元素，:not 表示不包含，括号中列举出不包含的格式，如.class，表示属性中不包含样式名称为".class"。

【案例演示】需求：在列表中添加三个选项\<li\>，将没有包含样式名称"A"的\<li\>元素加粗、变斜体。根据上述功能，新建一个名称为 cs3_4.html 的文件，在页面中加入如清单 14-2-2 所示的代码。

清单 14-2-2　页面文件 cs3_4. html 的源文件

```
<!DOCTYPE html>
<html lang="en">
<head>
    <meta charset="UTF-8">
    <title>Title</title>
    <style type="text/css">
        ul li:not(.A){
            font-style: italic;
            font-weight: bold;
        }
    </style>
</head>
<body>
    <ul>
        <li class="A">表项一</li>
        <li id="A">表项二</li>
        <li>表项三</li>
    </ul>
</body>
</html>
```

页面文件 cs3_4.html 在 Chrome 浏览器中执行后，显示的效果如图 14-2-2 所示。

【案例实践】新建一个页面，添加一个列表，并在列表中添加多个\<li\>，调用:not()伪类属性选择器，将没有添加"title"属性的\<li\>元素中的内容变红并加粗。

【扩展知识】需要说明的是，E:not(){}的执行并不兼容所有版本的浏览器，如果是 IE 系列，必须是 IE 9 以上的版本才支持这种方式获取定位的元素，IE 9 之前的版本都不支持该选择器。

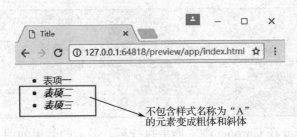

図 14-2-2　页面文件 cs3_4.html 在浏览器中执行的效果

14.3　伪类选择符

在 CSS3 中，伪类选择符进行了扩展，新增了很多用于定位列表元素的伪类选择符。这些选择符利用 DOM 树结构实现元素过滤，通过文档结构的相互关系来实现元素的匹配，极大减少了 class 和 id 属性的定义，使文档变得更加简洁。接下来进行详细介绍。

1. 元素状态伪类选择器

【技能目标】掌握元素状态伪类选择器的基本用法，理解状态伪类选择器的工作原理，能够根据实现的需求使用状态伪类选择器快速定位元素。

【语法格式】

```
E:checked
E:disabled
E:empty
```

【格式说明】第一行表示匹配页面上处于选中状态的元素 E，第二行表示匹配用户界面上处于禁用状态的元素 E，第三行表示匹配没有任何子元素（包括 text 节点）的元素 E。

【案例演示】需求：在页面中，添加各种状态的元素，根据状态伪类选择器获取各元素。根据上述功能，新建一个名称为 cs3_5.html 的文件，在页面中加入如清单 14-3-1 所示的代码。

清单 14-3-1　页面文件 cs3_5. html 的源文件

```
<!DOCTYPE html>
<html lang="en">
<head>
    <meta charset="UTF-8">
    <title>Title</title>
    <style type="text/css">
        input:checked+label{
            font-size: 13px;
        }
        input:disabled+label{
            font-size: 18px;
        }
        div:empty{
            height:25px;
            width: 160px;
            background:#eee;
        }
    </style>
```

```
</head>
<body>
    <div><input type="checkbox" checked><label>选项一</label></div>
    <div><input type="checkbox" disabled><label>选项二</label></div>
    <div><!--无子集元素--></div>
</body>
</html>
```

页面文件 cs3_5.html 在 Chrome 浏览器中执行后，显示的效果如图 14-3-1 所示。

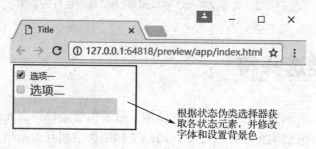

图 14-3-1　页面文件 cs3_5.html 在浏览器中执行的效果

【案例实践】新建一个页面，添加各种状态类型的元素，并使用伪类选择器分别获取这些元素，控制其显示的背景色与字体大小。

【扩展知识】需要说明的是，E:empty 伪类选择器只获取元素中无任何子集的元素，包括文本内容在内，即该元素是一个没有任何内容的空元素，即使是文字。

2. 结构性伪类选择器

【技能目标】掌握结构性伪类选择器的使用方法，理解结构性伪类选择器定位元素的原理，并能够快速地使用该选择器定位和控制元素。

【语法格式】

```
E:first-child
E:last-child
E:nth-child(n)
```

【格式说明】第一行表示匹配父元素的第一个子元素 E，第二行表示匹配父元素的最后一个子元素 E，第三行表示匹配父元素的第 n 个子元素 E。

【案例演示】需求：在列表中添加三个选项<li>，分别使用结构性伪类选择器实现不同行字体的不同。根据上述功能，新建一个名称为 cs3_6.html 的文件，在页面中加入如清单 14-3-2 所示的代码。

清单 14-3-2　页面文件 cs3_6. html 的源文件

```
<!DOCTYPE html>
<html lang="en">
<head>
    <meta charset="UTF-8">
    <title>Title</title>
    <style type="text/css">
        li:first-child{
            font-size: 13px;
        }
        li:last-child{
            font-size: 23px;
```

```
        }
        li:nth-child(2){
            font-size: 18px;
        }
    </style>
</head>
<body>
    <ul>
        <li>表项一</li>
        <li>表项二</li>
        <li>表项三</li>
    </ul>
</body>
</html>
```

页面文件 cs3_6.html 在 Chrome 浏览器中执行后，显示的效果如图 14-3-2 所示。

图 14-3-2　页面文件 cs3_6.html 在浏览器中执行的效果

【案例实践】新建一个页面，添加一个列表，并在列表中添加多个<li>，调用结构性伪类选择器，实现首行和尾行不同背景色效果；同时，指定在第四行字体大小为"23px"。

【扩展知识】需要说明的是，E: first-child 选择器在原来的 CSS2 中已存在，E: last-child 和 E: nth-child(n)是 CSS3 新增的结构性伪类选择器；此外，nth-child(n)中的 n 值从 1 开始。

更多相关的内容，请扫描二维码，通过微课程详细了解。

14.4　伪对象选择符

在 CSS3 中，除了有伪类选择器外，还有伪对象选择符。通过伪对象选择符可以实现一些特殊样式的功能，如第一个字母、第一行的样式控制，还可以实现在指定的行前或行后添加文字内容的功能。接下来进行详细介绍。

1．伪对象中的首个字母与段落

【技能目标】掌握通过伪对象定位元素中首个字母和第一个段落的用法，理解选择器在使用过程中的基本步骤，能够通过该类型的选择器快速实现相关需求。

【语法格式】

```
E:first-letter
E:first-line
```

【格式说明】第一行表示伪对象选择符，设置对象内的第一个字符的样式；第二行表示设置对象内的第一行的样式，它只作用于块级元素。内联元素要使用该伪对象，必须先将其设置为块级对象。

【案例演示】需求：新建一个页面，添加两个块元素，将第一个字符和第一行的字体变大。根据上述功能，新建一个名称为 cs3_7.html 的文件，在页面中加入如清单 14-4-1 所示的代码。

清单 14-4-1　页面文件 cs3_7. html 的源文件

```
<!DOCTYPE html>
<html lang="en">
<head>
    <meta charset="UTF-8">
    <title>Title</title>
    <style type="text/css">
        div:first-letter {
            font-size: 40px;
        }
        p{
            width:200px;
        }
        p:first-line {
            font-size: 25px;
        }
    </style>
</head>
<body>
    <div>天气晴朗</div>
    <p>今天的天气非常好啊，我们可以出来运动了。</p>
</body>
</html>
```

页面文件 cs3_7.html 在 Chrome 浏览器中执行后，显示的效果如图 14-4-1 所示。

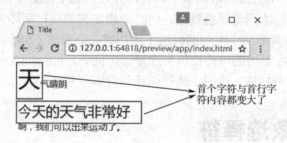

图 14-4-1　页面文件 cs3_7.html 在浏览器中执行的效果

【案例实践】新建一个页面，通过<p>元素添加多个段落文字内容，将第一个段落中的首个字母变大，颜色变成红色，第二个<p>元素中的第一行字体变大。

【扩展知识】需要说明的是，E:first-letter 和 E:first-line 是最新的 CSS3 写法，在原来的 CSS1 和 CSS2 中，也有相同的选择器，但格式是 E::first-letter 和 E::first-line，多增加了一个"："（冒号）。

2．伪对象中的前后添加内容

【技能目标】掌握伪对象中前后添加内容的基本方法，理解添加内容的过程，并能够利用该方法向指定元素的前后位置添加不同内容。

【语法格式】

```
E:before
E:after
```

【格式说明】第一行设置在对象前发生的内容，需要结合 content 属性一起使用；第二行设置在对象后发生的内容，也需要结合 content 属性一起使用。

【案例演示】需求：在页面中添加一个<div>元素，并在元素的前后部分分别添加不同的内容。根据上述功能，新建一个名称为 cs3_8.html 的文件，在页面中加入如清单 14-4-2 所示的代码。

清单 14-4-2　页面文件 cs3_8. html 的源文件

```
<!DOCTYPE html>
<html lang="en">
<head>
    <meta charset="UTF-8">
    <title>Title</title>
    <style type="text/css">
        #tip:before{
            content: '今天早上，';
        }
        #tip:after{
            content: '明天还是晴天。';
        }
    </style>
</head>
<body><div id="tip">天气晴朗，</div></body>
</html>
```

页面文件 cs3_8.html 在 Chrome 浏览器中执行后，显示的效果如图 14-4-2 所示。

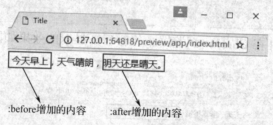

图 14-4-2　页面文件 cs3_8.html 在浏览器中执行的效果

【案例实践】新建一个页面，为一个指定<div>元素添加一段文字；然后，在文字的前部增加另外一段文字，而且在文字的后部再增加一段文字，显示在页面中。

【扩展知识】无论是:before 还是:after，添加的内容都需要通过 content 来实现，即由这个属性来指定增加的文字内容。CSS2 的写法是::before 和::after，增加了一个 "："（冒号）。

14.5　函数类型取值方式

在 CSS3 中，不仅可以通过直接赋值的方式控制页面中元素的样式，还可以通过调用函数的方式实现赋值的效果。最常用的有 attr()和 filter()函数，前者用于设置页面中元素的属性值，后者则可以对图片的显示效果进行过滤设置。接下来进行详细介绍。

1．attr()函数的使用

【技能目标】掌握 attr()函数使用的基本方法，理解该函数在调用过程中的基本步骤，能够使用该函数快速实现相关的业务需求。

【语法格式】

```
attr()
```

【格式说明】该函数的功能是：从函数 attr()中取值，并插入到指定元素的属性值中，实现通过调用函数进行赋值的效果。它有 CSS2 和 CSS3 两个不同的版本，格式稍有一点差别。

【案例演示】需求：调用 attr()函数，获取元素中任意属性值，并将该值添加到元素的后面部分。根据上述功能，新建一个名称为 cs3_9.html 的文件，在页面中加入如清单 14-5-1 所示的代码。

清单 14-5-1　页面文件 cs3_9.html 的源文件

```html
<!DOCTYPE html>
<html lang="en">
<head>
    <meta charset="UTF-8">
    <title>Title</title>
    <style type="text/css">
        div:after {
            content: attr(data-a);
        }
    </style>
</head>
<body>
    <div data-a="这是一个提示信息">今天天气非常不错，</div>
</body>
</html>
```

页面文件 cs3_9.html 在 Chrome 浏览器中执行后，显示的效果如图 14-5-1 所示。

这是一段通过属性获取，并添加到尾部的内容

图 14-5-1　页面文件 cs3_9.html 在浏览器中执行的效果

【案例实践】新建一个页面，调用 attr()方法，获取元素中任意属性的内容，并将该内容添加到指定元素内容的前部分，最终，将连接后的内容展示在页面中。

【扩展知识】需要说明的是，attr()函数的功能是获取指定属性的值，它返回一个字符格式的内容，因此，可以将该内容作为 content 的具体值，实现先获取后添加的过程。

2. filter 函数的使用

【技能目标】掌握 filter 函数的各种不同效果的使用方法，理解 filter 函数在样式实现时的原理，能够基于不同的需要调用 filter 函数实现相应的页面效果。

【语法格式】

```
filter: none | blur()
```

【格式说明】blur 函数的功能是：给图像设置高斯模糊，如果没有设定值，则默认是 0；这个参数可设置 css 长度值，但不接受百分比值，该值越大越模糊。

【案例演示】需求：在页面中添加两个图片标记，一个为普通显示，另一个使用 filter 过滤器。根据上述功能，新建一个名称为 cs3_10.html 的文件，在页面中加入如清单 14-5-2 所示的代码。

清单 14-5-2　页面文件 cs3_10. html 的源文件

```html
<!DOCTYPE html>
<html lang="en">
<head>
    <meta charset="UTF-8">
    <title>Title</title>
    <style type="text/css">
    *{
        padding: 0px;
        margin: 0px;
        }
    figure img{
        width: 180px;
        }
     figure img:last-child {
        -webkit-filter: blur(5px);
        filter: blur(5px);
        }
    </style>
</head>
<body>
    <figure>
        <img src="images/h5.png" alt="">
        <img src="images/h5.png" alt="">
    </figure>
</body>
</html>
```

页面文件 cs3_10.html 在 Chrome 浏览器中执行后，显示的效果如图 14-5-2 所示。

有模糊度的图片

图 14-5-2　页面文件 cs3_10.html 在浏览器中执行的效果

【案例实践】新建一个页面，在页面中添加两个图片元素，分别对这两个图片元素添加不同的 filter 函数值，观察它们值的不同是否决定了它们显示在页中的模糊度。

【扩展知识】需要说明的是，在 filter 函数中，除了使用 blur 实现高斯模糊之外，还可以调用其他的函数，如 contrast(%)用于调整图像的对比度，hue-rotate(deg)用于为图片应用色相旋转，"angle" 这个值设定图像会被调整的色环角度值，opacity(%)设置图片的透明度值。

14.6　图像类型取值属性

在 CSS3 中，图像是一个极为常用的元素，因此，针对它的相关取值属性就显得特别重要。借助图像类型中的取值属性，开发人员可以非常方便地控制页面中图片元素的位置和内容展示的区域。针对这两方面的内容，接下来进行详细介绍。

1. 改变图像位置属性

【技能目标】掌握 background 属性的基本用法，理解该属性中各个值的含义，能够结合实际的需求，快速地使用 background 属性，实现图片的定位与显示。

【语法格式】

```
background: [background-image] || [background-repeat] ||
[background-attachment] || [background-position]
```

【格式说明】该属性的功能是：它是一个简写的属性，属性值可以是多个内容，其中包括背景图片的位置、是否进行平铺、具体的位置坐标。

【案例演示】需求：在页面中，分别以不同的位置方向显示背景图片。根据上述功能，新建一个名称为 cs3_11.html 的文件，在页面中加入如清单 14-6-1 所示的代码。

清单 14-6-1　页面文件 cs3_11. html 的源文件

```html
<!DOCTYPE html>
<html lang="en">
<head>
    <meta charset="UTF-8">
    <title>Title</title>
    <style type="text/css">
        div {
            background: url(images/h5-1.png) center center no-repeat;
            width: 200px;
            height: 200px;
            border: solid 1px #666;
        }
    </style>
</head>
<body>
    <div></div>
</body>
</html>
```

页面文件 cs3_11.html 在 Chrome 浏览器中执行后，显示的效果如图 14-6-1 所示。

水平垂直居中显示　　　偏左垂直居中显示

图 14-6-1　页面文件 cs3_11.html 在浏览器中执行的效果

【案例实践】新建一个页面，使用 background 属性，控制背景图片不同位置的显示效果，例如，水平垂直居中、水平偏右、垂直居中等显示背景图片。

【扩展知识】需要说明的是，background 属性是一个简写的属性，在定义位置时，如果提供两个，则第一个为横坐标，第二个为纵坐标；如果只提供一个，则该值为横坐标，纵坐标将默认为 50%。

2．改变图像形状属性

【技能目标】掌握 background-clip 属性使用的基本方法，理解该属性值对应的功能，并能够结合实际的开发需求实现相应背景图片的显示效果。

【语法格式】

```
background-clip: border-box | padding-box | content-box | text
```

【格式说明】该属性的功能是：指定对象的背景图像向外裁剪的区域，默认的值是 border-box，表示从 border 区域（不含 border）开始向外裁剪背景。

【案例演示】需求：在页面中，调用 background-clip 属性，分别显示不同值的页面效果。根据上述功能，新建一个名称为 cs3_12.html 的文件，在页面中加入如清单 14-6-2 所示的代码。

清单 14-6-2　页面文件 cs3_12. html 的源文件

```html
<!DOCTYPE html>
<html lang="en">
<head>
    <meta charset="UTF-8">
    <title>Title</title>
    <style type="text/css">
        div {
            float: left;
            width: 90px;
            height: 90px;
            text-align: center;
            line-height: 90px;
            border: dashed 5px #666;
            margin-right:10px;
            background-color: #ccc;
            padding:10px;
        }
        div:nth-child(1){
            background-clip:border-box;
        }
        div:nth-child(2){
            background-clip:padding-box;
        }
        div:nth-child(3){
            background-clip:content-box;
        }
    </style>
</head>
<body>
    <div>天气非常好</div>
    <div>天气非常好</div>
    <div>天气非常好</div>
</body>
</html>
```

页面文件 cs3_12.html 在 Chrome 浏览器中执行后，显示的效果如图 14-6-2 所示。

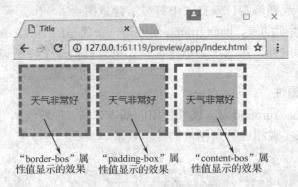

图 14-6-2 页面文件 cs3_12.html 在浏览器中执行的效果

【案例实践】新建一个页面，在页面中通过调用 background-clip 属性控制背景图片向外裁剪的区域方式，观察各个不同属性值，实现不同外裁剪区域效果。

【扩展知识】需要说明的是，background-clip 属性除了具有上述三种属性值外，还有另外一种"text"取值。该属性值表示从前景内容的形状（如文字）作为裁剪区域向外裁剪，也就是说，可实现使用背景作为填充色的遮罩效果，功能非常实用和强大。

14.7 CSS3 中的 hack 属性

由于不同厂商的浏览器或同一厂商的浏览器的不同版本（如 IE6 和 IE7）对 CSS 的解析认识不完全一样，需要编写代码使用户的 CSS 代码兼容不同的浏览器，而编写的代码就使用了 CSS 中的属性，接下来进行详细介绍。

1. CSS 条件 hack

【技能目标】掌握 CSS 条件 hack 的基本使用方法，理解 CSS 条件 hack 在执行过程中的原理，能够通过 CSS 条件 hack 实现针对 IE 浏览器的兼容性。

【语法格式】

```
<!--[if <keywords>? IE <version>?]>
HTML 代码块
<![endif]-->
```

【格式说明】在语法格式中，keywords 值共包含六种选择方式：是否、大于、大于或等于、小于、小于或等于、非指定版本；version 值可以指定浏览器的版本号。

【案例演示】需求：使用 CSS 条件 hack，实现在 IE6 与 IE7 浏览器中不同的字体大小。根据上述功能，新建一个名称为 cs3_13.html 的文件，在页面中加入如清单 14-7-1 所示的代码。

清单 14-7-1 页面文件 cs3_13. html 的源文件

```
<!DOCTYPE html>
<html lang="en">
<head>
    <meta charset="UTF-8">
    <title>Title</title>
    <!--[if IE 6]>
```

```
    <style type="text/css">
        .size{
            font-family: 宋体;
            font-size: 13px;
        }
    </style>
    <![endif]-->
    <!--[if IE 7]>
    <style type="text/css">
        .size{
            font-family: 微软雅黑;
            font-size: 23px;
        }
    </style>
    <![endif]-->
</head>
<body>
    <div class="size">今天天气非常好</div>
</body>
</html>
```

页面文件 cs3_13.html 在 Chrome 浏览器中执行后，显示的效果如图 14-7-1 所示。

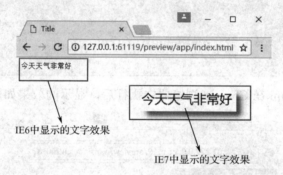

图 14-7-1　页面文件 cs3_13.html 在浏览器中执行的效果

【案例实践】新建一个页面，并添加一个<p>元素，在元素中再添加一段文本内容，使用 CSS 中的 hack 属性，实现 IE6、IE7、IE8 不同版本中字体和背景色不同的页面效果。

【扩展知识】需要说明的是，hack 有风险，使用需谨慎，在日常的页面开发中，应尽可能减少对 CSS hack 的使用。此外，一些 CSS hack 由于浏览器存在交叉识别，需要通过多层覆盖的方式来实现针对不同浏览器进行兼容性的处理。

2．CSS 属性 hack

【技能目标】掌握 CSS 属性 hack 的基本用法，理解 CSS 属性 hack 在代码开发过程中的原理，能够根据实际的开发需求，结合 CSS 属性 hack 实现相应的功能。

【语法格式】

```
selector{<hack>?property:value<hack>?;}
```

【格式说明】hack 值中 "_" 表示选择 IE6 及以下版本浏览器，"*" 表示选择 IE7 及以下版本浏览器，"\9" 表示选择 IE6+，"\0" 表示选择 IE8+和 Opera，[;property:value;];表示选择 Webkit 核心浏览器（Chrome、Safari）。

【案例演示】需求：在页面中调用 CSS 属性 hack，实现在不同的浏览器中显示不同的背景色。根据上述功能，新建一个名称为 cs3_14.html 的文件，在页面中加入如清单 14-7-2 所示的代码。

清单 14-7-2　页面文件 cs3_14.html 的源文件

```html
<!DOCTYPE html>
<html lang="en">
<head>
    <meta charset="UTF-8">
    <title>Title</title>
    <style type="text/css">
        div{
            width: 160px;
            color: #fff;
            padding: 5px;
        }
        .color {
            background-color: #00ee00;  /* For IE8+ */
            *background-color: #ffb25c; /* For IE7- */
            _background-color: #fffd4b; /* For IE6- */
        }
    </style>
</head>
<body>
    <div class="color">今天天气非常好</div>
</body>
</html>
```

页面文件 cs3_14.html 在 Chrome 浏览器中执行后，显示的效果如图 14-7-2 所示。

图 14-7-2　页面文件 cs3_14.html 在浏览器中执行的效果

【案例实践】新建一个页面，并在页面中添加一个<div>元素，调用 CSS 属性 hack，实现在 IE 不现版本浏览器下不同背景色和字体大小的效果。

【扩展知识】需要说明的是：调用 CSS 属性 hack 的方式，又称为"属性前缀法"，它指的是在 CSS 样式属性名前加上一些只有特定浏览器才能识别的 hack 前缀，以达到预期的页面展现效果。

14.8　选择器的高级用法

之前，想要改变一个鼠标移动的样式，需要监听鼠标的各种事件，这样实现起来非常不方便。自从 CSS3 拥有了更丰富的选择器功能后，仅通过选择器就可以改变一个元素的样式。接下来详细介绍这个项目。

【任务描述】通过使用本节学习的选择器的高级用法，运用伪类选择器的方式，改变鼠标移动到元素前与移开元素后的样式，并且能自动适应页面宽度。

【页面结构】根据上述功能，新建一个名称为 index.html 的文件，在页面中加入如清单 14-8-1 所示的代码。

清单 14-8-1　页面文件 index.html 的源文件

```
.item {
    display: block;
    text-align:center;
    line-height: 49px;
    height: 100%;
    transition: all 0.5s;
    -moz-transition: all 0.5s; /* Firefox 4 */
    -webkit-transition: all 0.5s;
    -o-transition: all 0.5s;
    cursor:pointer;
}
.item:hover {
    background-color:rgb(168, 209, 253);
}
@media only screen and (max-width: 400px) {
    .ul li {
        width: 100%;
        height: 100%;
    }
}
```

【页面布局】页面文件 index.html 在 Chrome 浏览器中执行后，当鼠标不在标签上时，显示的效果如图 14-8-1 所示。

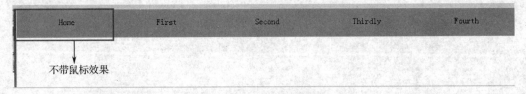

图 14-8-1　页面文件 index.html 在浏览器中执行的效果（1）

当鼠标在标签上时，显示的效果如图 14-8-2 所示。

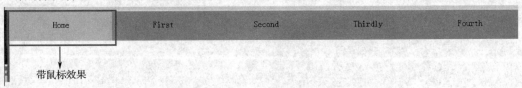

图 14-8-2　页面文件 index.html 在浏览器中执行的效果（2）

当页面宽度缩小时，显示的效果如图 14-8-3 所示。

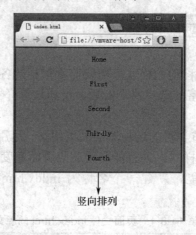

图 14-8-3　页面文件 index.html 在浏览器中执行的效果（3）

【源码分析】代码中每个 item 为一个选项块，用 CSS 的样式设置 item 初始的样式，以及为 item 设置伪类选择属性 hover，改变鼠标移动上去后的样式，并且改变页面宽度，也能改变标签排版。

第15章

旅 友 网

随着国民经济日益提升，老百姓对休闲旅游的需求也在逐步增长。现阶段我们具有类似携程网之类的旅游网站，但这一类的网站对于旅游攻略的需求并不明显，所以我们需要实现一款针对于旅游攻略的 PC 端网站。接下来详细介绍这个项目。

15.1　首页实现

【任务描述】能实现旅友网首页的界面。页面包含旅游景区的展示、旅游攻略信息的展示、旅游活动的展示等功能。着重于旅游信息的及时获取及攻略信息的展示。

【页面结构】根据上述功能，新建一个名称为 indexMain.html 的文件，在页面中加入如清单 15-1-1 所示的代码。

清单 15-1-1　页面文件 indexMain.html 的部分代码

```
<div class="index_head">
    <div class="index_headMain">
        <div class="index_logo">
            <a href="index.html">
                <img src="images/logo.gif" alt="LOGO"/>
                <p>旅友网</p>
            </a>
        </div>
        <div class="index_headRight">
            <a onclick="login()" href="#">登录</a>
            <div class="smallSx"></div>
            <a href="register.html">注册</a>
        </div>
    </div>
</div>
<div class="index_search" id="index_search">
    <div class="index_searchMain">
        <input type="text" id="index_searchInput"/>
    </div>
    <input type="button" value="搜索" readonly="readonly"/>
</div>
```

【页面布局】页面文件 indexMain.html 在 Chrome 浏览器中执行后，显示的效果如图 15-1-1 所示。

另外，首页有许多交互效果，如鼠标滑过一级导航的高亮效果。展现效果如图 15-1-2 所示。

此外，还有鼠标滑过一级导航的高亮及内容切换效果。展现效果如图 15-1-3 所示。

【源码分析】代码中通过使用不同级别的 div，区分不同功能区域块，并且给不同的 div 区域块添加不同的 id 来区分不同的功能点击事件。在点击注册功能后，会进入注册页面，对用户的信息进行注册。同时在点击攻略菜单后，会进入到攻略页面。

图 15-1-1　页面文件 indexMain.html 在浏览器中执行的效果

图 15-1-2 页面文件 indexMain.html 的交互效果（1）

图 15-1-3 页面文件 indexMain.html 的交互效果（2）

15.2 攻略页面

【任务描述】能够实现攻略页界面，包括侧边二级菜单栏及动画效果、旅游攻略列表、月份攻略列表等。本页面着重页面交互效果的实现。

【页面结构】根据上述功能，新建一个名称为 strategyHome.html 的文件，在页面中加入如清单 15-2-1 所示的代码。

清单 15-2-1 页面文件 strategyHome.html 的部分代码

```
<ul class="strategyMenu" id="strategyMenu">
    <a href="strategyHome.html"><li>攻略首页</li></a>
    <a href="travelsHome.html"><li>游记</li></a>
    <a href="issueHome.html"><li>旅游问答</li></a>
</ul>
<div class="menuContainer" >
    <ul class="subMenu">
        <li class="subMenu_li">
            <ul class="hiddenMenu">
                <li>...</li>
            </ul>
        </li>
    </ul>
    <div class="advertImg">
        <img src="images/ad1.png" alt="这是广告图片"/>
    </div>
    <div class="activeImg">
        <img src="images/ac1.jpg" alt="活动宣传图"/>
        <img src="images/ac1.jpg" alt="活动宣传图"/>
    </div>
</div>
<h2>强力推荐</h2>
<div class="container1">
```

```
    ...
</div>
<h2>旅游不知好时节，看我就知道</h2>
<div class="container3">
    ...
</div>
<h2>飞舞的文字精灵，描绘出人间的天堂</h2>
<div class="container4">
    ...
</div>
<h2>热门景点，我来推荐</h2>
<div class="container5">
    ...
</div>
```

【页面布局】页面文件 strategyHome.html 在 Chrome 浏览器中执行后，显示的效果如图 15-2-1 所示。

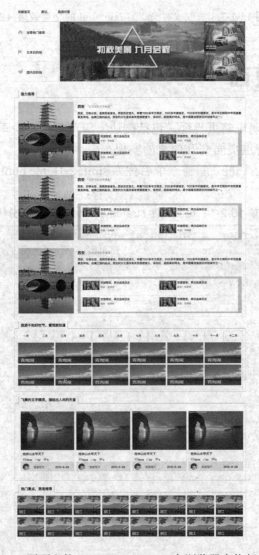

图 15-2-1　页面文件 strategyHome.html 在浏览器中执行的效果

页面有许多交互效果，比如鼠标滑过一级导航的高亮效果。展现效果如图 15-2-2 所示。

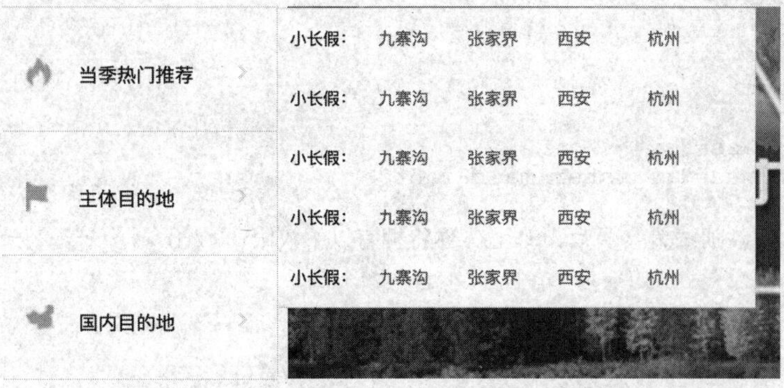

当季热门推荐	小长假：	九寨沟	张家界	西安	杭州
	小长假：	九寨沟	张家界	西安	杭州
主体目的地	小长假：	九寨沟	张家界	西安	杭州
	小长假：	九寨沟	张家界	西安	杭州
国内目的地	小长假：	九寨沟	张家界	西安	杭州

图 15-2-2　页面文件 strategyHome.html 的交互效果

【源码分析】代码通过 html 搭建网站结构，分为五个部分。每部分都有一个菜单栏和列表。其中第二部分又一个侧边二级菜单栏。通过列表标签和选择器来实现交互效果。

15.3　注册页面

【任务描述】搭建网站注册页面。注册表单包括邮箱、密码、确认密码及验证码。

【页面结构】根据上述功能，新建一个名称为 register.html 的文件，在页面中加入如清单 15-3-1 所示的代码。

清单 15-3-1　页面文件 register.html 的部分代码

```html
<div class="login_head">
</div>
<div class="login_middle">
<div>
<div class="main">
    <div class="login_top">
        <div class="login_logo">
            <img src="images/logo.gif" alt="LOGO">
            </img>
            <span>会员账户注册</span>
        </div>
        <div class="login_topRight">
          <ul>
          <li>
              <a href="index.html" onclick="changeLogin(1)">
              登录
              </a>
          </li>
          ...
          </ul>
        </div>
    </div>
<div class="cf">
</div>
```

```
<div class="login_main">
    <div class="register_mainLeft">
      <form>
        ...
      </form>
    </div>
    <div class="sx"></div>
    <div class="register_mainRight">
      <dl>
        <dt>注册成为会员后，<br/>你将拥有以下权限：</dt>
      </dl>
    </div>
  </div>
  </div>
  </div>
  </div>
  <div class="login_footer">
  </div>
</div>
```

【页面布局】页面文件 register.html 在 Chrome 浏览器中执行后，显示的效果如图 15-3-1 所示。

图 15-3-1　页面文件 register.html 在浏览器中执行的效果

【源码分析】使用 HTML 搭建网站注册页面。使用表单搭建注册表单，包括邮箱、密码、确认密码及验证码。通过定位实现整体结构。

第 16 章

企业金融平台

HTML5 的新功能提高了用户体验，加强了视觉感受，丰富了网站的效果。另外，HTML5 技术也可以用于移动端页面开发，能够让应用程序回归到网页，并对网页的功能进行扩展。本节项目综合之前所学过的所有 HTML5 的知识及 CSS3 的知识，实现一个企业金融平台的移动端界面。接下来详细介绍这个项目。

16.1 项目首页

【任务描述】设计并实现企业金融平台首页界面。首页包含头部 banner、功能列表及产品列表。其中 banner 顶部需要一个搜索框。

【页面结构】根据上述功能，新建一个名称为 index.html 的文件，在页面中加入如清单 16-1-1 所示的代码。

清单 16-1-1   页面文件 index.html 的部分代码

```
<nav class="jd_nav">
   <ul>
      <li>
         <img src="images/nav0.png" alt=""/>
         <p>分类查询</p>
      </li>
      <li>
         <img src="images/nav1.png" alt=""/>
         <p>征信查询</p>
      </li>
      <li>
         <img src="images/nav2.png" alt=""/>
         <p>个人征信</p>
      </li>
      <li>
         <img src="images/nav3.png" alt=""/>
         <p>理财产品</p>
      </li>
      <li>
         <img src="images/nav4.png" alt=""/>
         <p>贷款记账</p>
      </li>
      ...
   </ul>
</nav>
```

【页面布局】页面文件 index.html 在 Chrome 浏览器中执行后，主页显示的效果如图 16-1-1

所示。

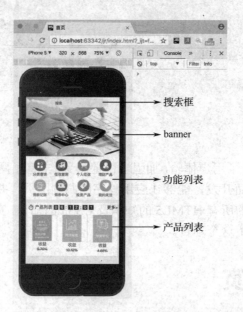

搜索框
banner
功能列表
产品列表

图 16-1-1　页面文件 index.html 在浏览器中执行的效果

【源码分析】代码中通过 ul 与 li 标签，排版出基本的布局样式，通过 img 标签添加图片元素，通过选择器找到相应的元素资源，并通过 CSS 样式进行样式的调整。程序可根据移动设备不同的大小而调整不同页面的大小样式，从而适应不同的屏幕大小。

16.2　功能列表详情页

【任务描述】设计并实现企业金融平台功能列表详情界面，包含头部导航和基金列表。基金列表的每一项包含标题、文本及右侧图片。

【页面结构】根据上述功能，新建一个名称为 list.html 的文件，在页面中加入如清单 16-2-1 所示的代码。

清单 16-2-1　页面文件 list.html 的部分代码

```
<div class="head">
    基金列表
</div>
<ul>
    <li>
        <img src="images/l1.jpg" alt=""/>
        <div>
            <h1>中欧基金</h1><br>
            创新工场的基金来自全球顶尖的投资者，
            由人民币基金和美元基金构成。
        </div>
    </li>
    <hr>
```

```
            <li>
                  <img src="images/l2.jpg" alt=""/>
                  <div>
                        <h1>兴全基金</h1><br>
                        创新工场的基金来自全球顶尖的投资者，
                        由人民币基金和美元基金构成。成立以来，
                        已经成功募集了资金规模为 4 亿元的人民币。
                  </div>
            </li>
            <hr>
            <li>
                  ...
            </li>
            <hr>
            <li>
                  ...
            </li><
            hr>
            ...
      </ul>
```

【页面布局】页面文件 list.html 在 Chrome 浏览器中执行后，主页显示的效果如图 16-2-1 所示。

图 16-2-1　页面文件 list.html 在浏览器中执行的效果

【源码分析】代码中通过定位设置头部导航的样式，通过 ul 与 li 标签，排版出列表的布局结构，通过定位设置 img 标签的位置。另外，本页面需要通过点击首页的"基金列表"进行显示。

16.3　产品列表详情页

【任务描述】设计并实现企业金融平台产品列表详情界面，包含头部导航项、图片及详细介绍。产品列表详情页可以通过点击首页的"产品列表"进入。

【页面结构】根据上述功能，新建一个名称为 dctail.html 的文件，在页面中加入如清单 16-3-1 所示的代码。

清单 16-3-1　页面文件 detail.html 的部分代码

```
<div class="head">
    详情
</div>
<div class="jd_banner">
    <ul class="clearfix">
        <li><img src="images/l8.jpg" alt=""/></li>
    </ul>
</div>
<main class="jd_product">
    <h3>收益——6.66%</h3>
    <p style="margin: 10px">阿米巴原虫作为地球最早期的生命形式,
        代表着最简单有力的生命力及与生俱来的适应性。阿米巴资本支持与
        帮助具有这样"阿米巴精神"的强大团队。我们致力于寻找具有最强
        生命力的创业者,不断挖掘和创造独角兽公司,是创业者值得信赖的
        伙伴。
    </p>
    <span style="color: grey">京东基金</span>
    <span style="float: right;color: grey">6 月 26 日</span>
</main>
```

【页面布局】页面文件 detail.html 在 Chrome 浏览器中执行后，主页显示的效果如图 16-3-1 所示。

图 16-3-1　页面文件 detail.html 在浏览器中执行的效果

【源码分析】代码中通过定位设置头部导航的样式，设置图片 100%宽度，通过浮动实现日期的样式。另外，本页面需要通过点击首页的"产量列表"进行显示。